독자의 1초를
아껴주는 정성을
만나보세요!

세상이 아무리 바쁘게 돌아가더라도 책까지 아무렇게나 빨리 만들 수는 없습니다.

인스턴트 식품 같은 책보다 오래 익힌 술이나 장맛이 밴 책을 만들고 싶습니다.

땀 흘리며 일하는 당신을 위해 한 권 한 권 마음을 다해 만들겠습니다.

마지막 페이지에서 만날 새로운 당신을 위해 더 나은 길을 준비하겠습니다.

즐거운
프로그래밍
경험

모두의
데이터과학
with 파이썬

드미트리 지노비에프 지음 | 황준식 옮김

SCIENCE

MATH

길벗

모두의 데이터 과학 with 파이썬

Data Science Essentials in Python

초판 발행 · 2017년 7월 14일
초판 4쇄 발행 · 2021년 2월 22일

지은이 · 드미트리 지노비에프
옮긴이 · 황준식
발행인 · 이종원
발행처 · (주)도서출판 길벗
출판사 등록일 · 1990년 12월 24일
주소 · 서울시 마포구 월드컵로 10길 56(서교동)
대표전화 · 02)332-0931 | **팩스** · 02)323-0586
홈페이지 · www.gilbut.co.kr | **이메일** · gilbut@gilbut.co.kr

기획 및 책임편집 · 안윤경(yk78@gilbut.co.kr) | **디자인** · 배진웅 | **제작** · 이준호, 손일순, 이진혁
영업마케팅 · 임태호, 전선하, 지운집, 박성용, 차명환 | **영업관리** · 김명자 | **독자지원** · 송혜란, 윤정아

교정교열 · 김솔 | **전산편집** · 남은순 | **출력 및 인쇄** · 예림인쇄 | **제본** · 예림바인딩

- 잘못된 책은 구입한 서점에서 바꿔 드립니다.
- 이 책에 실린 모든 내용, 디자인, 이미지, 편집 구성의 저작권은 (주)도서출판 길벗과 지은이에게 있습니다.
  허락 없이 복제하거나 다른 매체에 옮겨 실을 수 없습니다.

ISBN 979-11-6050-215-2 93560
(길벗 도서번호 006914)

정가 22,000원

· ·

독자의 1초를 아껴주는 정성 길벗출판사

길벗 | IT실용서, IT/일반 수험서, IT전문서, 경제실용서, 취미실용서, 건강실용서, 자녀교육서
더퀘스트 | 인문교양서, 비즈니스서
길벗이지톡 | 어학단행본, 어학수험서
길벗스쿨 | 국어학습서, 수학학습서, 유아학습서, 어학학습서, 어린이교양서, 교과서

페이스북 · www.facebook.com/gbitbook

이 책은 파이썬으로 데이터를 다루는 다양한 방법을 멋지게 담아냈다. 즐겁게 풀 수 있는 흥미로운 연습문제도 준비되어 있다. 꿈 많은 데이터 과학자가 반드시 읽어야 할 책이다.

    – 피터 햄튼(Peter Hampton), 영국 얼스터대학교(Ulster University)

이 책은 데이터 과학 분야의 일반적인 업무, 최신 도구와 동향을 소개한다. 또 데이터를 가져오고 정제하고 분석하고 저장하는 다양한 기법을 다룬 안내서다. 이 책으로 코딩 습득에 쓸 시간을 아끼고 본질적인 연구에 집중함으로써 생산성을 높일 수 있다.

    – 제이슨 몬토조(Jason Montojo), 〈Practical Programming: An Introduction to Computer Science
      Using Python3(실용적인 프로그래밍 : 파이썬 3을 사용한 컴퓨터 과학 개론)〉 공저자

문제를 해결하고 데이터에서 가치를 발견하는 데 관심이 많은 사람에게 이 책은 깊이 있는 통찰과 더불어, 처음 시작할 때 사용하기 좋은 도구와 기법을 제공한다. 완성도 높은 예제와 연습문제로 구성된 이 책은 실질적이고 흥미롭다.

    – 로케시 쿠마르 마카니(Lokesh Kumar Makani), 스카이하이 네트웍스 소속 CASB 전문가

지은이
머리말

그대가 그런 생각을 하지 못하도록 내가 과학을 조금 알려 주어야겠군.
(I Must Instruct You in a Little Science by-and-by, to Distract Your Thoughts.)
- 마리 코렐리(Marie Corelli), 영국 소설가

이 책은 2015년 여름 보스턴 서퍽대학교에서 학부생을 대상으로 한 데이터 과학 입문 수업에서 시작되었다. 이 수업은 2개로 구성된 코스 중 첫 번째로 데이터 습득, 정제, 정리, 시각화를 중심으로 약간의 통계와 머신 러닝, 네트워크 분석을 다루었다.

얼마 되지 않아 이러한 작업(데이터베이스, 자연어 처리 프레임워크, JSON과 HTML 처리, 고성능 수치형 데이터 구조 등)과 관련된 수많은 시스템과 파이썬 모듈은 학부생뿐만 아니라 숙련된 프로조차도 버거워 한다는 것을 깨달았다. 솔직히 말하면 필자 역시 데이터 과학과 네트워크 분석 프로젝트를 진행하면서 help( ) 함수(도움말)를 호출하거나 온라인 파이썬 게시판을 참고하는 데 많은 시간을 할애했었다. 또 가끔은 수업 시간에 함수나 파라미터 이름이 기억나지 않아 민망했던 적도 있다.

수업을 진행하면서 다양한 주제로 요약 자료를 만들었는데, 나중에 보니 상당히 유용한 레퍼런스가 되었다. 그 요약 자료에 살을 더해 이 책을 쓰게 되었다. 책상 위에 놓인 이 책이 단지 여러분에게 함수나 파라미터 이름을 알려 주는 데 그치지 않고 데이터 과학과 분석에서 더 많은 생각을 하는 데 도움이 되기를 바란다.

이 책의 통계 분야에서 귀중한 조언을 해 준 서퍽대학교(Suffolk University)의 신싱 장(Xinxing Jiang) 교수님과 리뷰에 참여한 제이슨 몬토조(《Practical Programming: An Introduction to Computer Science Using Python3(실용적인 프로그래밍 : 파이썬 3을 사용한 컴퓨터 과학 개론)》 공저자), 노스이스턴대학교(Northeastern University)의 아미랄리 사나티나(Amirali Sanatinia), 얼스터대학교의 피터 햄트, 카네기멜론대학교(Carnegie Mellon University)의 아누자 켈카르(Anuja Kelkar), 스카이하이 네트웍스(Skyhigh Networks)의 로케시 쿠마르 마카니에게 감사드린다.

드미트리 지노비에프(Dmitry Zinoviev)

요즘은 데이터 과학이 대세다. 딥마인드의 '알파고'를 필두로 기계 번역, 자율 주행차, 인공지능 화가 등 상상이 현실이 되면서 데이터 과학에 대중의 관심이 그 어느 때보다 뜨겁다. 특히 어린 학생들이 문·이과 경계를 허물고 수학과 과학 기술에 다시 관심을 보이면서 데이터 과학의 붐이 더욱 반갑게 느껴진다.

경영학과를 막 졸업하고 데이터 과학에 관심을 갖기 시작한 3년 전에는 데이터 분석과 프로그래밍에서 아는 것이 거의 없었다. 데이터 과학에서 파이썬이 각광받는다는 말을 듣고 무작정 온라인 튜토리얼인 코드카데미(Codecademy)로 기본 문법을 배웠다. 새로운 세계로 문은 열었지만, 그 안에 펼쳐진 데이터 과학의 세계는 너무 광활하고 복잡해서 도대체 어디서부터 어떻게 시작해야 할지 몰라 한참을 방황했던 것으로 기억한다.

이 책은 3년 전 나에게 추천하고 싶은 책이다. 데이터 과학에 어떤 세부 분야가 있고, 어떤 문제를 풀 수 있으며, 파이썬이라는 강력한 도구로 어떻게 문제를 풀어야 할지 알려 주는 깔끔한 안내서다. 저자가 소개하는 사례와 예제로 데이터 과학에 접근하는 방식과 파이썬 프로그래밍 기술을 익혀 보자. 그리고 이것으로 일상생활에서 얻은 자신만의 문제를 '데이터 과학'적으로 해결해 보자. 사소하고 간단한 문제부터 풀어 보는 경험을 차근차근 쌓다 보면 어느 순간 데이터 과학의 세계 속에서 살고 있는 자신을 발견할 것이다. 이제 막 데이터 과학에 입문하는 독자에게 이 책이 긍정적인 계기로 작용하기를 바란다.

좋은 책과 인연을 맺게 해 준 길벗출판사의 한동훈 차장님과 안윤경 과장님, 번역 작업을 적극 장려하고 지원해 주신 넥슨코리아 데이터분석팀 이은광 실장님과 장창완 파트장님께 감사드린다. 아울러 언제나 사랑과 응원을 아끼지 않는 부모님과 동생, 주말마다 카페 데이트를 함께한 아내에게도 감사의 말을 남기고 싶다.

황준식

**책에서
다루는 내용**

이 책은 데이터 수집, 정제, 적재, 열람, 변형, 시각화, 고급 데이터 분석 요소(네트워크 분석), 통계와 머신 러닝을 다룬다. '1장. 데이터 과학이란?'에서는 데이터 과학을 간략히 살펴본다.

'2장. 데이터 과학에서 파이썬의 핵심 알기'에서는 스트링, 파일, 웹 기능들, 정규 표현식, 리스트 내포 등 파이썬 데이터 구조를 요약해서 살펴본다. 각 주제를 세세히 설명하기보다는 이미 알고 있는 것을 환기하는 수준에서 다룰 것이다. 유능한 데이터 과학자가 되려면 파이썬 언어를 마스터하는 것이 중요하다. 파이썬을 다루는 다른 훌륭한 교재들도 참고하기를 바란다.

이 책의 첫 번째 파트에서는 정형 텍스트와 비정형 텍스트 등 다양한 텍스트 데이터를 다루는 방법, numpy와 pandas 모듈로 수치형 데이터를 처리하는 방법과 네트워크 분석을 다룬다. 나머지 3개의 장에서는 관계형 데이터베이스와 비관계형 데이터베이스, 데이터 시각화와 간단한 예측 분석 등 색다른 분석 주제를 논한다.

이 책은 하나의 이야기이자 참고 서적이다. 어떤 관점에서 보느냐에 따라 순서대로 읽거나 목차에서 원하는 함수나 콘셉트를 찾아 읽어도 된다. 여러분이 숙련된 파이썬 프로그래머라면 '2장. 데이터 과학에서 파이썬의 핵심 알기'는 건너뛰어도 좋다. MySQL 같은 외부 데이터베이스를 다룰 일이 없다면 '4장. 데이터베이스 다루기'는 읽지 않아도 된다. 마지막으로 '9장. 확률과 통계'는 여러분이 전혀 통계를 모른다는 것을 전제로 한다. 확률과 통계를 이미 잘 알고 있다면, UNIT 45~46은 생략한 채 'UNIT 47. 파이썬으로 통계 분석하기'로 넘어가자.

대상 독자

이쯤 되면 여러분은 이 책을 살 것인지 고민하고 있을 것이다.

이 책은 전공·비전공 학부생이나 대학원생, 데이터 과학 강사, 초보 데이터 과학자(특히 R에서 파이썬으로 넘어오는), 파이썬 함수와 옵션에서 레퍼런스가 필요한 개발자를 염두에 두고 썼다.

여러분도 그중 하나인가? 그렇다면 고민은 그만하고 계속 읽어 보자.

**사용한
소프트웨어**

파이썬 2.7에서 파이썬 3.30이나 그 이상으로 전환하는 것에 갑론을박할 수 있는데, 필자는 새 파이썬 문법을 강력히 지지한다. 새로 나온 대부분의 파이썬 소프트웨어는 3.3 버전에 맞게 개발했으며, 레거시 소프트웨어 역시 3.3 버전으로 포팅했다. 당시에 아무리 인기가 많았다 할지라도 최근 트렌드를 감안한다면 낡은 문법을 쓰는 것은 현명하지 못하다. 따라서 이 책 역시 파이썬 3 버전을 사용한다.

이 책에 있는 모든 파이썬 예제는 다음 표에 소개한 모듈을 설치한 환경에서 잘 작동한다. 별도로 설치해야 하는 community 모듈(https://pypi.python.org/pypi/python-louvain)과 파이썬 인터프리터를 제외하고 모든 모듈은 컨티넘 애널리틱스(Continuum Analytics)에서 무료로 제공하는 아나콘다 배포판(Anaconda distribution)(https://www.continuum.io)에 포함되어 있다.

표 0-1
이 책에서 사용한
소프트웨어 구성 요소

패키지	사용 버전	패키지	사용 버전
BeautifulSoup	4.3.2	community	0.3
json	2.0.9	html5lib	0.999
matplotlib	1.4.3	networkx	1.10.0
nltk	3.1.0	numpy	1.10.1
pandas	0.17.0	pymongo	3.0.2
pymysql	0.6.2	python	3.6
scikit-learn	0.16.1	scipy	0.16.0

데이터베이스를 실제로 다룰 예정이라면 MySQL(https://www.mysql.com)과 MongoDB (https://www.mongodb.com)를 내려받아 설치한다. 둘 모두 무료이며, 리눅스와 맥 OS, 윈도 플랫폼에서 실행할 수 있다. 설치 방법은 부록 C를 참고한다.

해보자

각 장 마지막에는 '해보자'를 넣어 두었다. 여기서는 내용을 더 깊이 이해하고 싶은 독자에게 혼자서 또는 팀을 이뤄서 할 수 있는 몇 가지 연습문제를 소개한다.

별 1개짜리 연습문제는 가장 단순하다. 해당 장에서 다룬 함수들을 정확히 이해한다면 풀 수 있다. 30분 내로 별 1개짜리 연습문제 하나를 풀 수 있을 것이다. '부록 B. 별 1개짜리 연습문제 해답 보기'에서 풀이를 확인할 수 있다.

별 2개짜리 연습문제는 조금 더 어렵다. 프로그래밍 기술이나 습관에 따라 푸는 데 1시간 이상 걸릴 수도 있다. 별 2개짜리 연습문제는 중급 수준의 데이터 구조와 정교하게 구현된 알고리즘을 다룬다.

마지막으로 별 3개짜리 연습문제는 가장 난이도가 높다. 몇몇 연습문제는 완벽한 답안이 없으므로 답을 찾지 못하더라도 좌절하지 말자. 이들 연습문제에 도전해 보는 것만으로도 여러분은 더 나은 프로그래머, 더 나은 데이터 과학자가 될 수 있다. 여러분이 교육자라면 별 3개짜리 연습문제는 중간고사 과제용으로 고려해 볼 수도 있을 것이다.

그럼 이제 시작해 보자.

예제 파일 내려받기

이 책에 실린 소스 코드와 실습에 필요한 CSV 파일은 길벗출판사 웹 사이트에서 도서명으로 검색해 내려받거나 깃허브에서 내려받을 수 있다.

- **길벗출판사 웹 사이트** : http://www.gilbut.co.kr
- **깃허브**(GitHub) : https://github.com/gilbutlTbook/006914

① 내려받은 예제 파일은 압축을 풀고, '예제파일' 폴더 안의 파일을 실행 폴더(아나콘다를 설치할 때 기본 값으로 설정했다면 C:\Users\사용자 이름 폴더)에 복사해 사용하면 따로 경로명을 설정하지 않아도 자동으로 인식한다.

② 아나콘다 및 MySQL, MongoDB 설치는 부록 C를 참고한다.

③ 파이썬 명령 프롬프트에서 실습하는 것을 기준으로 한다(맥과 윈도에서 테스트). 부록 C를 참고한다.

④ 실습에 필요한 CSV 파일도 함께 제공한다.

예제 파일 구조

예제파일 폴더

실습에 필요한 CSV 파일, py 파일을 제공한다. 아나콘다 실행 폴더(C:\Users\사용자 이름 폴더)로 복사해 두고 실습을 진행한다.

예제코드 폴더

책에서 사용하는 소스 코드를 장별로 제공한다. 텍스트 파일을 열어 하나씩 복사해 실습에 사용할 수 있다.

실습결과물 폴더

실습 결과물인 pdf와 PNG 파일, 실습 중간 결과물인 pickle을 제공하므로, 앞 장의 실습을 완료하지 못했더라도 중간 결과물을 아나콘다 실행 폴더로 복사해 실습에 사용할 수 있다.

목차

## 1장

데이터 과학이란?

무한을 이해하기란 불가능하다.

– 코츠마 푸르츠코프(Kozma Prutkov), 러시아 작가

이미 데이터 과학이 무엇인지 잘 알고 있겠지만, 다시 한 번 짚고 넘어가자! 데이터 과학은 데이터에서 지식을 추출하는 학문으로 컴퓨터 과학(데이터 구조, 알고리즘, 시각화, 빅데이터 처리 지원, 일반적인 프로그래밍)과 통계학(회귀 분석과 통계적 추정), 도메인 지식(문제 설정과 결과 해석)을 기반으로 한다.

데이터 과학은 예부터 수많은 이질적인 주제와 연관이 깊었는데, 이 책에서는 그중 일부를 다룰 것이다.

- **데이터베이스** : 정보의 저장과 통합 기능을 제공한다. '4장. 데이터베이스 다루기'에서 관계형 데이터베이스와 문서 데이터베이스를 살펴본다.

- **텍스트 분석과 자연어 처리** : 정성적 텍스트를 정량적 변수로 변환해 '단어로 계산'할 수 있다. 감성 분석에 사용하는 도구에 관심이 있는가? 'UNIT 16. 자연어 처리하기'에서 모두 다룬다.

- **수치형 데이터 분석과 데이터 마이닝** : 일관된 패턴과 변수 사이의 관계를 찾는다. 이는 '5장. 테이블형 수치 데이터 다루기'와 '6장. 데이터 시리즈와 프레임 다루기'에서 설명한다.

- **복잡계 네트워크 분석** : 복잡계 네트워크는 무작위로 연결된 개체의 총합으로 사실은 전혀 복잡(complex)하지 않다. '7장. 네트워크 데이터 다루기'에서 복잡계 네트워크를 좀 더 단순하게 만들어 본다.

- **데이터 시각화** : 단순히 시각적으로 보기 좋을 뿐만 아니라 매우 유용하다. 특히 데이터를 분석한 의뢰인에게 후속 프로젝트를 하도록 설득할 때 더욱 그러하다. 1000개의 단어보다 한 장의 그림이 더 낫다면 나머지 장보다 '8장. 플로팅하기'가 훨씬 유용할 것이다.

- **머신 러닝(군집화, 의사결정나무, 분류, 인공신경망 등)** : 샘플 데이터를 기반으로 컴퓨터가 '생각'할 수 있게 학습하고 예측을 수행한다. '10장. 머신 러닝'에서 방법을 살펴본다.

- **시계열 데이터 처리(디지털 신호 처리)** : 주식 시장 분석가, 경제학자, 음향 및 영상 처리 연구자에게 반드시 필요한 기법이다.

- **빅데이터 분석** : 보통 1테라바이트가 넘고, 대량으로 생산·저장되는 비정형 데이터를 분석하는 것을 의미한다. 이 책에 모두 담기에는 주제가 너무 광범위하다.

분석의 형태를 떠나서 데이터 과학은 마법이 아니라 과학이다. 그렇기에 데이터 과학은 데이터 수집에서 시작해서 분석으로 끝나는 꽤 정밀한 기본 순서를 따른다. 이 장에서는 데이터 과학의 기본 과정을 살펴볼 것이다. 전형적인 데이터 분석 연구의 흐름과 데이터 수집 경로, 프로젝트 보고 구조를 알아보자.

UNIT 01

데이터 분석 과정

DATA SCIENCE FOR EVERYONE

전형적인 데이터 분석 과정은 일반적인 과학적 발견의 절차와 같다.

데이터 과학에서는 대답해야 할 질문과 적용해야 할 분석 방법에서 발견이 시작된다. 가장 단순한 형태의 분석 방법은 기술(descriptive) 통계로 데이터셋을 취합해 시각화한 형태로 표현한다. 주어진 샘플 데이터의 크기가 작고, 이것으로 더 큰 모수를 알고 싶다면 통계에 기반한 추정(inferential)이 적합하다. 예측(predictive)을 하고자 하는 분석가는 과거에서 배워 미래를 예측한다. 인과(causal) 분석은 서로에게 영향을 미치는 변수들을 식별한다. 마지막으로 역학(mechanistic) 데이터 분석은 변수가 다른 변수에 정확히 어떤 영향을 주는지 탐구한다.

인과
원인과 결과를 아우르는 말

역학
물리학의 한 분야로 부분을 이루는 요소가 서로 의존적 관계를 맺으며 제약하는 현상

여러분이 진행하는 분석의 퀄리티는 결국 얼마나 좋은 데이터를 사용하느냐에 달렸다. 무엇이 가장 이상적인 데이터셋일까? 이 이상적인 세계에서 어떤 데이터가 여러분의 질문에 답을 가졌을까? 하지만 현실에서는 이상적인 데이터셋이 존재하지 않거나 구하기가 매우 어려울 수 있다. 그렇다면 데이터가 많지 않거나 측정값이 정확하지 않은 데이터셋이더라도 원하는 목적을 이룰 수 있을까?

다행하게도 웹이나 데이터베이스에서 원천 데이터를 얻기는 그리 어렵지 않으며, 내려받기와 문자 해독을 지원하는 파이썬 코드가 널려 있다. 'UNIT 02. 데이터 수집 파이프라인'에서 더 자세히 알아보자.

우리가 살고 있는 불완전한 세상에서 완전한 데이터란 없다. '더러운(dirty)' 데이터에는 누락된 값, 이상치, 여러 '비정상적인' 아이템이 들어 있다. 몇 가지 '더러운' 데이터의 예로 미래의 생년월일, 음수로 표현된 나이와 체중, noreply@처럼 사용할 수 없는 이메일 주소를 들 수 있다. 원천 데이터를 얻으면 다음으로 데이터 정제 도구와 여러분의 통계학적 지식을 활용해서 데이터셋을 정규화해야 한다.

산포도
도수 분포의 모양을
조사할 때, 변량의
흩어져 있는 정도를
가리키는 값

히스토그램
비교할 양이나 수치
분포를 막대 모양으
로 나타낸 그래프

데이터를 정제했다면 이제 기술 통계 분석과 탐색적 분석을 해보자. 이 단계에서 결과물은 통상적으로 **산포도**(scatter plot), **히스토그램**, 통계적 요약이다. 이 과정을 거쳐 데이터셋에 감을 잡아 후속 분석 방향을 정할 수 있다. 특히 데이터셋을 구성하는 변수가 많다면 감을 잡는 과정은 반드시 필요하다.

그리고 이제 미래를 예측할 차례다. 데이터 모델을 적절하게 학습했다면 이를 사용해 과거를 배워 미래를 예측할 수 있다. 만든 모델과 그 예측 정확도를 평가해야 한다는 것을 잊지 말자!

지금부터는 통계학자와 프로그래머로서가 아니라 도메인 전문가로서 역할을 수행할 때다. 몇 가지 결과를 얻기는 했는데 이것이 정말 의미가 있을까? 바꿔 말하면 이 결과가 다른 사람의 관심을 끌거나 어떤 변화로 이어지는가? 이번에는 여러분이 지금까지 만든 결과물을 평가하는 사람이라고 치자. 무엇을 잘했고, 잘못했고, 기회가 주어지면 어떤 부분을 개선할 수 있을까? 다른 데이터를 사용하거나 다른 종류의 분석을 수행하거나 다른 질문을 하거나 다른 모델을 만드는 것이 더 나을까? 다른 누군가가 이러한 질문을 할 바에야 스스로가 먼저 하는 것이 더 낫다. 아직 프로젝트 맥락을 이해하고 있다면 이것의 답을 찾아보자.

마지막으로 어떻게, 왜 데이터를 처리했는지, 어떤 모델을 만들었는지, 어떤 결론과 예측이 가능한지 보고서를 만들어야 한다. 이 장 마지막인 'UNIT 03. 보고서 구조'에서 더 자세히 알아보자.

여러분의 학습을 돕는 동반자로서 이 책은 특히 데이터 분석의 준비 단계에 초점을 맞춘다. 준비 단계에서는 데이터를 수집·전처리·정리·분류하며, 다른 단계에 비해 정형화되어 있지 않아 다양한 창의적 접근이 가능하다. 예측 모델링을 포함한 데이터 모델링은 거의 다루지 않는다. (그렇다고 데이터 모델링을 아예 생략하지는 않았다. 거기서 진짜 마법 같은 일이 일어나니까 말이다.) 결과 해석, 비판, 보고는 분석 주제에 따라 보통 다른 접근 방식을 취해야 한다.

데이터 수집 파이프라인

아티팩트

운영체제(윈도 등)나 애플리케이션을 사용하면서 생성되는 흔적. 예를 들어 윈도 레지스트리, 이벤트 로그, 직접 쓴 메일, 블로그 글, 문서 등

데이터 수집은 다음과 같이 다양한 출처에서 입력 데이터가 포함된 **아티팩트** (artifact)를 획득하고, 아티팩트에서 데이터를 추출하며, 추출한 데이터를 추가적인 처리에 적합한 형태로 변환하는 것이다.

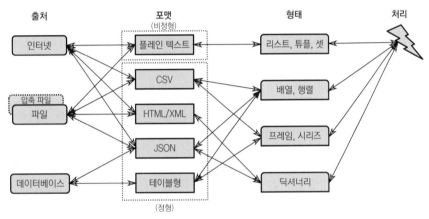

그림 1-1
데이터 수집

데이터를 얻는데 주로 사용하는 출처 세 가지는 인터넷(즉, 월드 와이드 웹), 데이터베이스, 로컬 파일(다른 프로그램으로 만들거나 인터넷에서 내려받은 파일)이다. 다른 파이썬 프로그램을 사용해 만들거나 '압축(pickled)'한 파일도 역시 로컬 파일이다('UNIT 12. pickle로 데이터 압축하기'에서 더 자세히 알아보자).

아티팩트에 들어 있는 데이터 포맷은 매우 다양하다. 다음 장부터 가장 인기 있는 데이터 포맷들을 다루는 방법을 자세히 알아볼 것이다.

- 자연어로 된 **비정형** 플레인 텍스트 데이터(영어나 중국어)
- 정형 데이터
  - **쉼표로 구분된 텍스트**(CSV) 파일 형식의 테이블형 데이터
  - 데이터베이스에 저장된 테이블형 데이터
  - 하이퍼텍스트 **마크업 언어**(HTML)나 다목적 마크업 언어(XML)로 된 태그 데이터
  - **JSON**(JavaScript Object Notation) 형식의 태그 데이터

추출한 데이터의 원래 구조, 추가적인 처리의 목적과 특성에 따라 이 책에 수록된 예제에서 사용한 데이터는 파이썬에 내장된 데이터 구조(리스트와 딕셔너리)나, 특수한 연산(numpy 배열이나 pandas 데이터 프레임)을 지원하는 고급 데이터 구조로 표현한다.

필자는 데이터 처리 파이프라인(원천 데이터의 수집, 전처리, 변환, 기술 통계와 탐색적 데이터 분석, 데이터 모델링과 예측)을 완전히 자동화하려고 노력했다. 인터랙티브 GUI 도구는 가급적 사용하지 않았는데, 배치(batch) 모드에서 실행하기가 쉽지 않고 작동 로그를 남기지 않기 때문이다. 필자는 모듈성, 재사용성, 복구용이성을 높이려고 긴 파이프라인을 작은 서브 파이프라인으로 쪼개 중간 결과를 pickle이나 JSON 파일로 저장할 것이다.

파이프라인 자동화는 자연스럽게 재사용 가능한 코드로 이어진다. 재사용 가능한 코드를 사용하면 별도의 상호 작용 없이도 누구나 원천 데이터로 보고서에 기록된 최종 결과물을 얻을 수 있다. 다른 연구자들은 재사용 가능한 코드로 여러분의 모델과 결과를 검증하고, 여러분이 개발한 프로세스를 적용해 문제를 해결할 수 있다.

보고서 구조

DATA SCIENCE FOR EVERYONE

프로젝트 보고서는 우리가 데이터 분석 의뢰인(고객)에게 전달하는 결과물이다. 보고서는 보통 다음 항목으로 구성된다.

- 요약(짧은 프로젝트 설명)
- 서론
- 데이터 수집과 처리에 사용한 방법
- 분석 결과(중간 결과나 중요도가 떨어지는 내용은 포함하지 않고 부록에 삽입)
- 결론
- 부록

부록에는 부차적인 결과와 차트뿐만 아니라 데이터를 처리하는 데 사용한 모든 재사용 코드를 기록한다. 스크립트에는 주석을 충실히 달아서 별도의 파라미터 입력이나 사용자 상호 작용 없이도 실행할 수 있어야 한다.

마지막으로 원천 데이터를 제출하는 것도 매우 중요하다. 의뢰인이 데이터를 제공했거나 해당 파일을 변형하지 않았다면, 제출하는 원천 데이터는 코드를 재사용 가능한 방법으로 실행할 수 있어야 한다. 보통 첨부한 모든 데이터 파일의 출처와 포맷은 README 파일에 기록한다.

이러한 보고서 구조를 반드시 지켜야 할 필요는 없다. 데이터 분석 의뢰인의 요청이나 상식적인 판단에 따라 다른 대안을 사용해도 좋다.

이 장에서는 데이터 과학의 기본 과정을 다루었다. 일반적인 데이터 분석 과정에서 데이터 습득 경로, 다양한 데이터 포맷, 프로젝트 보고서의 구조를 살펴보았다. 다음 장부터는 데이터 과학에 입문할 수 있는 파이썬 기본 기능들, 조금 더 복잡한 데이터 분석 프로젝트에 사용하는 수치 연산, 통계 기능을 제공하는 다양한 파이썬 모듈을 소개할 것이다.

다음으로 넘어가기에 앞서, 간단한 연습문제로 파이썬 언어를 살짝 경험해 보자. 컴퓨터 프로그래머 세계에는 'Hello, World!'를 출력하는 프로그램을 만들어서 초보자에게 새로운 언어를 소개하는 좋은 전통이 있다. 우리도 그 전통을 따라 보자.

★☆☆ Hello, World!

파이썬으로 'Hello, World!'를 출력하는 프로그램을 짜 보자.

2장

데이터 과학에서 파이썬의 핵심 알기

그리고 나는 그들에게 북부와 남부 독일어, 라틴어,
프랑스어, 스페인어, 이탈리아어 등
온갖 언어로 말을 했지만 전혀 통하지 않았다.

– 조나단 스위프트(Jonathan Swift), 영국계 아일랜드 풍자 작가

데이터 과학에서는 파이썬 언어의 핵심 함수 중 몇 가지를 특히 중요하게 사용한다. 이 장에서는 그중 가장 필수 함수인 문자열 함수, 자료구조, 리스트 내포, 카운터(counter), 파일과 웹 함수, 정규 표현식, 패턴 매칭과 데이터 압축을 다룰 것이다. 파이썬으로 로컬 파일과 인터넷에서 데이터를 추출하고, 적합한 형태의 자료구조에 저장하고, 특정한 패턴에 일치하는 부분을 찾고, 파이썬 객체를 직렬화하고 역직렬화하는 방법을 살펴 데이터를 처리해 보자. 하지만 이 함수들은 데이터 과학이나 분석 작업에만 특화된 것은 아니어서 다른 다양한 사례에서도 찾아볼 수 있다.

흔히들 고급(high-level) 프로그래밍 도구가 저급(low-level) 프로그래밍 도구를 쓸모없게 만든다고 오해한다.

아나콘다는 파이썬 하나에서만 무려 350개가 넘는 파이썬 패키지를 제공하는데, 왜 문자열을 자르고 파일을 열어야 할까? 사실 이 세계에는 정형화된 형식을 따르는 데이터만큼이나 그렇지 않은 데이터도 널려 있다.

모든 정형화된 데이터 프레임, 시리즈, CSV 리더(reader), 단어 토크나이저(tokenizer)는 제작자가 정한 규칙을 따른다. 그래서 규칙에 어긋나는 데이터를 만나면 쓸모가 없어진다. 이때는 곧바로 이 책에 쌓인 먼지를 털어 내고는 영광스런 데이터 과학자의 자리에서 내려와 겸손하지만 실용적인 컴퓨터 프로그래머가 되어 보자.

아마 문자열 함수를 살펴보는 기본적인 것부터 시작해야 할지도 모르겠다. 바로 다음 UNIT에서 시작해 보자.

기본 문자열 함수 이해하기

문자열은 컴퓨터와 인간의 세계를 잇는 상호 작용의 기본 단위다. 거의 모든 원천 데이터는 문자열 형태로 저장되어 있다. 여기서는 텍스트 문자열을 읽고 변형하는 방법을 배운다.

여기서 다루는 모든 함수는 내장된 str 클래스의 멤버다.

대·소문자 변환(case conversion) 함수는 원래 문자열 s의 복사본을 반환한다. lower( ) 함수는 모든 문자를 소문자로 변환하고, upper( ) 함수는 모든 문자를 대문자로 변환한다. 그리고 capitalize( ) 함수는 첫 번째 문자를 대문자로 변환하고, 나머지 문자들은 소문자로 변환한다. 이 함수들은 알파벳이 아닌 문자는 무시한다. 대·소문자 변환 함수는 62쪽에서 다룰 정규화의 가장 중요한 요소다.

프레디케이트 함수
True/False를 반환하는 함수

프레디케이트(predicate) 함수는 해당 문자열 s가 특정 클래스에 속하는지에 따라 True나 False를 반환한다. islower( ) 함수는 모든 알파벳 문자가 소문자인지 체크한다. isupper( ) 함수는 모든 알파벳 문자가 대문자인지 확인한다. isspace( ) 함수는 모든 문자가 공백인지 체크한다. isdigit( ) 함수는 모든 문자가 0에서 9 사이 숫자인지 확인한다. 그리고 isalpha( ) 함수는 모든 문자가 a~z, A~Z 사이의 알파벳 문자인지 체크한다. 여러분도 이 함수들을 사용해 단어가 정확한지, 정수가 양수인지, 올바르게 띄어쓰기를 했는지 등을 테스트할 수 있다.

외부 파일이나 데이터베이스, 웹에서 데이터를 가져왔다면 때때로 파이썬은 문자열 데이터를 문자열이 아닌 바이너리 배열로 표현한다. 이때 파이썬에서는 바이너리 배열 앞에 b를 붙여서 표기한다. 예를 들어 bin = b"Hello"는 바이너리 배열이고, s = "Hello"는 문자열이다. 여기서 s[0]은 'H'이고 b[0]은 72인데, 72는 문자 'H'에 해당하는 ASCII 문자코드(charcode)다. 디코딩(decoding) 함수는 바이너리 배열을 문자열로 변환한다. bin.decode()는 바이너리 배열을 문자열로 변환하고, s.encode()는 문자열을 바이너리 배열로 변환한다. 많은 파이썬 함수는 문자열로 변환된 상태의 바이너리 데이터를 처리한다.

문자열 처리의 첫 번째 단계는 원치 않는 공백(새로운 줄과 탭을 포함한)을 제거하는 것이다. lstrip()(왼쪽 공백 제거)과 rstrip()(오른쪽 공백 제거), strip() 함수는 문자열의 모든 공백을 제거한다(문자 사이의 공백은 제거하지 않는다). 이렇게 공백을 제거하다 보면 아무것도 없는 빈 문자열이 될 수도 있다![1]

```
"Hello, world! \t\t\n".strip()
>>>
'Hello, world!'
```

때때로 문자열은 공백, 콜론이나 쉼표 등 구분자로 분리된 여러 개의 토큰으로 구성되어 있다. split(delim="") 함수는 delim을 구분자로 사용해 문자열 s를 부분 문자열의 리스트로 쪼갠다. 구분자를 지정하지 않았다면 파이썬이 공백을 사용해 문자열을 쪼개고, 연속해서 공백이 있으면 이를 하나의 공백으로 인식한다.

```
"Hello,  world!".split() # Hello,와 world! 사이에 2개의 공백이 있다.
>>>
['Hello,', 'world!']
```

```
"Hello,  world!".split(" ") # Hello,와 world! 사이에 2개의 공백이 있다.
>>>
['Hello,', '', 'world!']
```

```
"www.networksciencelab.com".split(".")
>>>
['www', 'networksciencelab', 'com']
```

---

1 [역주] 실습 환경 설정은 부록 C를 참고합니다. 이 책은 파이썬 명령 프롬프트를 기준으로 하므로, 주피터 노트북(Jupyter Notebook)에서는 일부 코드가 실행되지 않거나 출력 값 순서가 다르게 나올 수도 있습니다.

자매 함수인 join(ls)는 객체 문자열을 접착제로 사용해 문자열 리스트 ls를 하나의 문자열로 붙인다. join( ) 함수를 사용하면 문자열 조각을 재조합할 수 있다.

```
", ".join(["alpha", "bravo", "charlie", "delta"])
>>>
'alpha, bravo, charlie, delta'
```

앞의 예제에서 join( ) 함수는 접착제를 문자열 사이에만 넣고, 첫 번째 문자열 앞이나 마지막 문자열 뒤에는 넣지 않는 것을 볼 수 있다. 문자열을 자르고 다시 합치는 것은 구분자를 다른 문자열로 치환하는 것과 같다.

```
"-".join("1.617.305.1985".split("."))
>>>
'1-617-305-1985'
```

이따금 여러분은 이 두 가지 함수를 같이 사용해서 필요 없는 공백을 문자열에서 제거하고 싶을 것이다. 정규 표현식에 기반한 치환을 사용하면 같은 결과를 얻을 수 있다(41쪽에서 더 자세히 다룬다).

```
" ".join("This string\n\r has many\t\tspaces".split())
>>>
'This string has many spaces'
```

find(needle) 함수는 해당 문자열에서 부분 문자열 needle이 처음 등장하는 인덱스를 반환하며, 부분 문자열이 없을 때는 −1을 반환한다. 이 함수는 대·소문자를 구분(case-sensitive)한다. 문자열에서 특히 관심 있는 부분을 찾는 데 find( ) 함수를 활용할 수 있다.

```
"www.networksciencelab.com".find(".com")
>>>
21
```

count(needle) 함수는 대상 문자열에서 부분 문자열 needle이 등장하는 횟수를 반환한다. 이 함수 역시 대·소문자를 구분한다.

```
"www.networksciencelab.com".count(".")
>>>
2
```

문자열은 데이터 처리 프로그램을 구성하는 요소이지만 유일한 구성 요소는 아니며, 가장 효율적인 요소라고도 할 수 없다. 여러분은 앞으로 리스트(list), 튜플(tuple), 셋(set), 딕셔너리(dictionary)를 사용해 문자열과 수치형 데이터를 묶고, 더 효율적인 방법으로 검색하고 정렬하게 될 것이다.

UNIT 05 올바른 자료구조 선택하기

파이썬에서 가장 빈번하게 사용하는 자료구조는 리스트, 튜플, 셋, 딕셔너리다. 이 네 가지 구조는 모두 데이터의 컬렉션(collection)이다.

파이썬은 리스트를 배열처럼 취급한다. 리스트에서 아이템을 검색할 때 걸리는 시간은 선형적으로 증가[2]하기 때문에, 검색이 가능한 대용량의 데이터를 저장하는 용도로는 실용성이 떨어진다.

튜플은 변형이 불가능한 리스트로 한 번 생성되면 변형할 수 없다. 튜플 역시 검색에 걸리는 시간이 선형적으로 증가한다.

리스트나 튜플과 달리 셋에는 순서가 없고, 셋이 담고 있는 아이템은 인덱스가 없다. 셋에는 같은 아이템이 중복으로 저장될 수 없으며, 검색 시간은 준선형적인 $O(\log(N))$으로 증가한다. 회원 명단을 조회하거나 중복 항목을 삭제하는 데 셋을 유용하게 사용할 수 있다(중복된 아이템이 들어 있는 리스트를 셋으로 변환하면 중복된 아이템을 모두 삭제한다).

```
myList = list(set(myList)) # myList에서 중복된 아이템들을 삭제한다.
```

리스트 데이터를 셋으로 변환해 더 빠르게 회원 명단을 조회해 보자. 예를 들어 bigList라는 리스트에는 정수 1부터 1000만까지가 문자열로 변환되어 들어 있다고 하자.

```
bigList = [str(i) for i in range(10000000)]
"abc" in bigList # 0.2초가 걸린다.
bigSet = set(bigList)
"abc" in bigSet # 15-30마이크로초가 걸린다. 1만 배나 더 빠르다!
```

---

2 역주 리스트의 처음부터 끝까지 순서대로 아이템을 검색하므로 검색 시간은 아이템 개수에 비례합니다.

딕셔너리는 키(key)를 값(value)에 매핑한다. 숫자, 불, 문자열, 튜플처럼 해시화할 수 있는 데이터 타입은 키가 될 수 있고, 같은 딕셔너리에 들어 있다 하더라도 키들은 서로 다른 데이터 타입에 속할 수 있다. 값의 데이터 형식에도 별도의 제약 사항은 없다. 딕셔너리의 검색 시간은 준선형적인 $O(\log(N))$으로 증가한다. 키-값으로 검색해야 할 때 딕셔너리는 매우 유용하다.

튜플(키, 값)이 여러 개 있는 리스트[3]에서 딕셔너리를 만들 수 있다. 그리고 내장된 클래스 생성자(constructor)인 enumerate(seq)를 사용해 seq 안의 아이템 순번을 키로 지정한 딕셔너리를 만들 수 있다.

```
seq = ["alpha", "bravo", "charlie", "delta"]
dict(enumerate(seq))
>>>
{0: 'alpha', 1: 'bravo', 2: 'charlie', 3: 'delta'}
```

딕셔너리를 만드는 또 다른 방법은 키 순서열(kseq)과 값 순서열(vseq)에 클래스 생성자인 zip(kseq, vseq)를 사용하는 것이다.

```
kseq = "abcd" # 문자열 또한 순서열이다.
vseq = ["alpha", "bravo", "charlie", "delta"]
dict(zip(kseq, vseq))
>>>
{'a': 'alpha', 'c': 'charlie', 'b': 'bravo', 'd': 'delta'}
```

파이썬에서 enumerate(seq)와 zip(kseq, vseq) 함수는 (자주 쓰는 range() 함수 또한) 리스트 제너레이터(generator)로 사용한다. 리스트 제너레이터는 이터레이터(iterator) 인터페이스를 제공하는데, 이는 for 루프를 사용 가능하게 한다. 실제 리스트와 달리 리스트 제너레이터는 요청이 있을 때만 다음 아이템을 생산하는 지연 방식(lazy way)으로 작동한다. 제너레이터는 대용량의 리스트를 소화할 수 있으며, 심지어 '무한한' 리스트도 허용한다. list() 함수를 사용해 제너레이터를 리스트로 명시적으로 변환할 수 있다.

---

3 역주 예를 들어 a_list = [('key1', 'value1'), ('key2', 'value2')]를 선언하고, dict(a_list)를 사용해 딕셔너리로 변환할 수 있습니다.

UNIT 06 리스트 내포로 리스트 이해하기

DATA SCIENCE FOR EVERYONE

리스트 내포(list comprehension)는 컬렉션을 리스트(꼭 리스트가 아니어도 된다)로 변환하는 표현식이다. 리스트 내포는 같은 연산을 리스트의 전체나 일부 아이템에 적용할 수 있는데, 예를 들어 모든 아이템을 대문자로 바꾼다든지, 거듭제곱하는 식으로 말이다.

전체 변환 과정은 다음과 같다.

1. 리스트 내포 표현식이 컬렉션을 순회하고, 컬렉션 안의 아이템을 조회한다.

2. 옵션으로 지정할 때는 각 아이템에 불(boolean) 표현식(기본은 True)을 적용한다.

3. 불 표현식이 True라면 현재 대상인 아이템에 표현식을 적용하고, 출력된 값을 결과 리스트에 추가한다.

4. 불 표현식이 False라면 해당 아이템은 무시한다.

몇 가지 간단한 리스트 내포 예제를 살펴보자.

```
# myList를 복사한다. myList.copy()나 myList[:]와 동일하지만 조금 더 비효율적이다.
[x for x in myList]

# 음수가 아닌 항목만 추린다.
[x for x in myList if x >= 0]

# 모든 아이템을 거듭제곱한다.
[x**2 for x in myList]
```

```
# 0이 아닌 아이템의 역수를 취한다.
[1/x for x in myList if x != 0]

# infile 파일에서 비어 있지 않은 줄을 읽어 와서
# 문장 앞과 뒤의 공백을 지운다.
[l.strip() for l in infile if l.strip()]
```

예제의 마지막 부분에서는 strip() 함수를 각 리스트 아이템에서 두 번씩 사용했다. 중복해서 사용하는 것을 원하지 않는다면 중첩된 리스트 내포(nested list comprehension)를 활용한다. 안쪽의 리스트 내포는 공백을 지우고, 바깥의 리스트 내포는 빈 문자열을 지운다.

```
[line for line in [l.strip() for l in infile] if line]
```

리스트 내포를 대괄호가 아닌 소괄호로 묶으면 리스트 제너레이터 객체로 인식한다.

```
(x**2 for x in myList) # <generator object <genexpr> at 0x…>가 출력된다.
```

때때로 리스트 내포의 결과물은 숫자나 단어, 단어 형태소, 표제어 등 반복되는 아이템의 리스트가 된다. 이 중 가장 빈번하거나 희귀한 아이템이 어떤 것인지 알고 싶을 것이다. 이러한 종류의 통계를 다룰 때 기본으로 사용할 수 있는 도구가 바로 다음 UNIT에서 소개하는 카운터 클래스다.

UNIT 07 카운터로 세기

DATA SCIENCE FOR EVERYONE

카운터(counter)는 딕셔너리 스타일의 컬렉션으로 다른 컬렉션 안의 아이템 개수를 셀 때 사용한다. 카운터는 collections 모듈 안에 정의되어 있다. 취합할 컬렉션을 Counter 생성자로 전달하고, most_common(n) 함수를 사용해 가장 빈번하게 등장한 n개의 아이템과 그 빈도가 담긴 리스트를 얻을 수 있다(n이 지정되지 않았다면 모든 아이템이 담긴 리스트를 반환한다).

```
from collections import Counter
phrase = "a man a plan a canal panama"
cntr = Counter(phrase.split())
cntr.most_common()
>>>
[('a', 3), ('canal', 1), ('panama', 1), ('plan', 1), ('man', 1)]
```

결과로 출력한 리스트를 딕셔너리로 변환하면 가독성이 좋아진다.

```
cntrDict = dict(cntr.most_common())
cntrDict
>>>
{'a': 3, 'canal': 1, 'panama': 1, 'plan': 1, 'man': 1}


cntrDict['a']
>>>
3
```

좀 더 다양한 용도로 사용할 수 있는 pandas 기반 카운팅 도구가 궁금하다면 UNIT 35에서 설명하는 '고유 값, 카운팅, 멤버십'(155쪽)을 참고하자.

UNIT
08
파일 다루기

DATA SCIENCE FOR EVERYONE

파일은 비휘발성 저장공간으로 장기적인 데이터 저장에 적합하다. 보통 파일 처리는 파일을 열고, 데이터를 읽고 쓰며, 파일을 닫는 것을 의미한다. 파일을 읽거나(기본 옵션이며, "r"로 지정되어 있다), 쓰거나 덮어쓰거나("w"), 내용을 추가("a")할 목적으로 파일을 열 수 있다. 파일을 쓰려고 열면 기존 내용은 별도의 경고 없이 삭제되고, 없는 파일을 열면 오류가 발생한다.

```
f = open(name, mode="r")
《파일을 읽는다》
f.close()
```

파이썬은 이 방식보다 더 효율적인 대안을 제공한다. with 문을 사용하면 파일을 명시적으로 열지만, 구문이 종료되면 파일을 자동으로 닫기 때문에 더 이상 필요 없는 파일을 계속 추적하지 않아도 된다.

```
with open(name, mode="r") as f:
《파일을 읽는다》
```

pickle('UNIT 12. pickle로 데이터 압축하기'에서 다룬다) 같은 모듈에서는 파일을 바이너리 모드("rb", "wb", "ab")에서 열어야 한다. 바이너리 배열을 읽고 쓸 때도 바이너리 모드를 사용해야 한다. 다음 함수들은 이미 열려 있는 파일 f에서 텍스트 데이터를 읽을 때 사용한다.

```
f.read() # 모든 데이터를 문자열이나 바이너리 형태로 읽는다.
f.read(n) # 첫 번째 n개의 바이트를 문자열이나 바이너리 형태로 읽는다.
f.readline() # 다음 줄(line)을 문자열로 읽는다.
f.readlines() # 모든 줄을 문자열 리스트로 읽는다.
```

필요에 따라 이 함수들을 섞어서 사용할 수 있다. 예를 들어 첫 문자열을 읽은 후 다음 5개의 바이트를 읽고, 그다음 줄을 읽고는 마지막으로 파일의 나머지 부분을 읽는 것이다. 앞의 함수에서 읽은 결과 값에는 개행문자(newline character)가 포함되어 있다. 파일 크기가 크다면 read( )나 readline( ) 함수를 사용하는 것은 권하지 않는다.

다음 함수들은 이미 열려 있는 파일 f에 텍스트 데이터를 기록한다.

```
f.write(line) # 문자열이나 바이너리를 기록한다.
f.writelines(lines) # 문자열 리스트를 기록한다.
```

이 함수들은 기록한 문자열의 마지막에 개행문자를 추가하지 않으므로 필요하다면 직접 입력해야 한다.

웹에 접근하기

DATA SCIENCE FOR EVERYONE

WorldWideWebSize[4]에 따르면 검색엔진에 등록된 웹 사이트의 웹 페이지는 최소 48억 5000만 건에 달한다고 한다. 이 중 일부는 우리가 관심을 가질 만한 것도 있을 것이다. urllib.request 모듈은 웹에서 데이터를 내려받는 함수를 제공한다. 데이터 하나를 내려받아 cache 디렉터리에 저장하고 파이썬 스크립트로 분석하는 것은 하나씩 직접 해도 괜찮지만(추천하지는 않는다), 프로젝트 단위의 데이터 분석은 자동으로 반복하거나 재귀적인 내려받기가 필요하다.

웹에서 무언가를 내려받는 첫 번째 단계는 urlopen(url) 함수를 사용해 URL을 열고 URL 핸들을 획득하는 것이다. URL이 열리면 URL 핸들은 읽기 전용 파일의 핸들과 비슷하게 처리할 수 있다. read(), readline(), readlines() 함수를 사용해서 데이터에 접근하면 된다.

웹과 인터넷 환경은 끊임없이 변화하기 때문에 URL을 여는 것은 로컬 디스크 파일을 여는 것보다 실패할 확률이 더 높다. 따라서 예외 처리 구문에 웹과 관련된 함수를 넣어 두어야 한다는 것을 기억하자.

```
import urllib.request
try:
  with urllib.request.urlopen("http://www.networksciencelab.com") as doc:
    html = doc.read()
    # 성공적으로 URL을 읽었다면 접속이 자동으로 종료된다.
except:
  print("Could not open %s" % doc, file=sys.err)
  # 파일을 읽었다고 거짓말을 하면 안 된다!
  # 여기서 오류 핸들러를 실행한다.
```

---

4 http://www.worldwidewebsize.com

데이터를 수집하려는 웹 사이트가 인증을 요구한다면 urlopen( ) 함수는 동작하지 않는다. 이때는 SSL(Secure Socket Layer)(예를 들어 OpenSSL)을 제공하는 모듈을 사용하자.

urllib.parse 모듈은 URL을 파싱하고 역파싱하는 유용한 도구를 제공한다. urlparse( ) 함수는 URL을 6개의 아이템으로 구성된 튜플로 분리한다. 6개의 아이템은 스키마(http 같은), 네트워크 주소, 파일 시스템 경로, 파라미터, 쿼리(query), 프래그먼트(fragment)다.

```
import urllib.parse
URL = "http://networksciencelab.com/index.html;param?foo=bar#content"
urllib.parse.urlparse(URL)
>>>
ParseResult(scheme='http', netloc='networksciencelab.com',
  path='/index.html', params='param', query='foo=bar',
  fragment='content')
```

urlunparse(parts) 함수는 urlparse( ) 함수에서 반환된 parts에서 URL을 생성한다. URL을 파싱하고 역파싱했다면 그 결과 값은 맨 처음 URL과 조금 다를 수 있지만, 기능적으로는 완전히 같다.

정규 표현식으로 패턴 매칭하기

DATA SCIENCE FOR EVERYONE

정규 표현식

정규식이라고도 하며, 특정한 규칙이 있는 문자열의 집합을 표현하는 데 사용하는 형식 언어

정규 표현식(regular expression)은 패턴 매칭에 기반해서 문자열을 검색하고 자르고 교체하는 강력한 메커니즘이다. re 모듈은 패턴 표현 언어와 문자열을 매칭·검색·분리·교체하는 다양한 함수를 제공한다.

파이썬 관점에서 보면, 정규 표현식은 패턴을 기록한 문자열일 뿐이다. 반복적으로 사용할 정규 표현식을 컴파일해 두면 패턴 매칭을 더 효율적으로 활용할 수 있다.

```
compiledPattern = re.compile(pattern, flags=0)
```

컴파일은 패턴 매칭에 걸리는 시간을 매우 단축해 주지만 그 성능에는 영향을 미치지 않는다. 필요에 따라 패턴 매칭 플래그(flag)를 컴파일할 때나 나중에 코드를 실행할 때 지정할 수 있다. 가장 흔하게 사용하는 플래그는 re.I(대·소문자를 무시)와 re.M(여러 줄로 된 텍스트에 적용할 수 있으며, ^와 $ 연산자를 사용해 각 줄의 시작과 끝을 매칭 가능)이다. 여러 플래그를 결합하고 싶다면 그냥 추가하면 된다.

1 정규 표현식 언어

다음은 정규 표현식의 일부를 요약한 것이다.

표 2-1
정규 표현식 언어

기본 연산자	
.	개행문자를 제외한 모든 문자
a	문자 a
ab	문자열 ab
x|y	x나 y
\y	^+{}$()[]\\~?.* 같은 특수문자 y를 이스케이프
캐릭터 클래스	
[a–d]	a, b, c, d 중 문자 1개
[^a–d]	a, b, c, d를 제외한 문자 1개
\d	숫자(digit) 1개
\D	숫자가 아닌 개체 1개
\s	공백 1개
\S	공백이 아닌 개체 1개
\w	알파벳 또는 숫자 1개
\W	알파벳이나 숫자가 아닌 개체 1개
양적 연산자	
x*	0개 이상의 x
x+	1개 이상의 x
x?	0이나 1개인 x
x{2}	x가 정확히 2개
x{2,5}	2개에서 5개 사이의 x
이스케이프 문자	
\n	개행(새로운 줄)
\r	캐리지 리턴(현재 줄의 맨 앞)
\t	탭
위치 지정	
^	문자열의 처음
\b	단어 경계
\B	비단어 경계
$	문자열의 끝
그룹	
(x)	캡처링 그룹(capturing group)
(?:x)	비캡처링 그룹(non-capturing group)

문자열에서 중간이나 끝에 위치한 캐럿(^)과 대시(-) 연산자는 특별한 의미가 없으며, '^'나 '-' 문자를 표현한다. 그룹은 연산 순서를 변경하는 데 사용한다. 캡처링 그룹에 일치하는 부분 문자열도 매칭이 될 때는 결과로 반환되는 리스트에 포함한다.

정규 표현식은 역슬래시('\')를 매우 자주 사용한다. 역슬래시는 파이썬의 이스케이프 문자다. 이 문자를 일반적인 문자로 사용하려면 앞에 역슬래시 하나를 더 붙여야 하는데('\\'), 그러면 역슬래시가 너무 많이 붙은 엉성한 정규 표현식이 된다. 다행하게도 파이썬은 역슬래시가 이스케이프 문자로 인식되지 않는 원천 문자열(raw string)을 지원한다.

원천 문자열을 정의할 때는 문자 r을 첫 따옴표 바로 앞에 붙이면 된다. 다음 2개의 문자열은 서로 같은데 둘 다 개행문자를 포함하지 않는다.

```
"\\n"
r"\n"
```

정규 표현식은 언제나 원천 문자열처럼 쓰면 된다.

이번에는 좀 더 쓸모가 있는 정규 표현식을 살펴보자. 여러분을 겁주려는 목적에서 다음 예제들을 다루는 것이 아니다. 단지 인생은 어렵고, 컴퓨터 과학은 더 어려우며, 패턴 매칭은 제일 어렵다고 알려 주려는 것이다.

다음은 이메일 주소다.

```
r"\w[-\w.]*@\w[-\w]*(\.\w[-\w]*)+"
```

다음은 닫는 태그가 있는 HTML 태그다.

```
r"<TAG\b[^>]*>(.*?)</TAG>"
```

다음은 부동소수점이다.

```
r"[-+]?((\d*\.?\d+)|(\d\.))([eE][-+]?\d+)?"
```

사용 가능한 URL 패턴을 매칭하는 정규 표현식을 만들 수도 있겠지만 그 작업은 정말 악명 높은 난이도를 자랑한다. 그 유혹에 넘어가지 말고, 35쪽에서 다룬 urllib.parse 모듈을 사용해서 URL을 파싱하자.

비정규적 정규 표현식

파이썬의 정규 표현식만이 유일한 정규 표현식은 아니다. 펄(Perl) 언어는 표현력은 같지만 다양한 문법과 구문이 있는 정규 표현식을 사용한다. 파일명 매칭 같은 간단한 예제에서는 정규 표현식의 또 다른 타입인 glob 모듈('UNIT 11. 파일과 기타 스트링 다루기'에서 더 자세히 알아본다)을 사용하기도 한다.

2 re 모듈로 검색, 분리, 교체

정규 표현식을 사용해 컴파일했다면, 이것으로 부분 문자열을 자르고 매칭하고 검색하고 치환할 수 있다. re 모듈은 필요한 모든 함수를 제공하며, 대부분의 함수가 두 가지 방법(raw, compiled)으로 패턴을 인식한다.

```
re.function(rawPattern, ...)
compiledPattern.function(...)
```

split(pattern, string, maxsplit=0, flags=0) 함수는 패턴을 사용해서 문자열을 최대 maxsplit개의 부분 문자열로 자르고, 이들 리스트를 반환한다(maxsplit이 0이라면 모든 부분 문자열을 반환한다). 다른 무엇보다도 단어 분석을 위한 기본적인 단어 토크나이저로 사용할 수 있다.

```
import re
re.split(r"\W", "Hello, world!")
>>>
['Hello', '', 'world', '']
```

```
# 근처에 위치한 비문자(non-letter)를 합친다.
```

```
re.split(r"\W+", "Hello, world!")
>>>
['Hello', 'world', '']
```

match(pattern, string, flags=0) 함수는 문자열의 시작 부분이 정규 표현식과 매칭되는지 확인한다. 이 함수는 match 객체를 반환하는데, 매칭되는 부분이 없다면 None을 반환한다. match 객체는 start(), end(), group() 함수를 가지고 있는데, 각각 매칭되는 부분의 시작과 끝 인덱스와 매칭 부분을 반환한다.

```
mo = re.match(r"\d+", "067 Starts with a number")
mo
>>>
<_sre.SRE_Match object; span=(0, 3), match='067'>

mo.group()
>>>
'067'

print(re.match(r"\d+", "Does not start with a number"))
>>>
None
```

search(pattern, string, flags=0) 함수는 문자열의 일부분이 정규 표현식과 매칭되는지 확인한다. 이 함수는 match 객체를 반환하는데, 매칭되는 부분이 없다면 None을 반환한다. 매칭되는 부분이 문자열의 앞부분에 있지 않다면 match() 대신에 search() 함수를 사용하면 좋다.

```
re.search(r"[a-z]+", "0010010 Has at least one 010 letter 0010010", re.I)
>>>
<_sre.SRE_Match object; span=(8, 11), match='Has'>

# 대소문자를 구분하는 버전
re.search(r"[a-z]+", "0010010 Has at least one 010 letter 0010010")
>>>
<_sre.SRE_Match object; span=(9, 11), match='as'>
```

findall(pattern, string, flags=0) 함수는 정규 표현식에 부합하는 모든 부분 문자열을 찾는다. 이 함수는 부분 문자열로 구성된 리스트를 반환한다(물론 이 리스트는 비어 있을 수도 있다).

```
re.findall(r"[a-z]+", "0010010 Has at least one 010 letter 0010010", re.I)
>>>
['Has', 'at', 'least', 'one', 'letter']
```

캡처링 그룹 vs. 비캡처링 그룹

비캡처링 그룹은 정규 표현식의 한 부분으로 re 모듈에서 싱글 토큰으로 취급한다. 비캡처링 그룹을 감싸고 있는 괄호는 수치 연산 괄호와 사용하는 목적이 같다. 예를 들어 r"cab+"는 "ca"로 시작하고 이후 최소 1개 이상의 "b"가 붙는 부분 문자열에 매칭된다. 반면에 r"c(?:ab)+"는 "c"로 시작하고 1개 이상의 "ab"가 붙는 부분 문자열과 매칭된다. "(?:" 부분과 나머지 표현식 사이에 공백이 없다는 것을 기억하자.
캡처링 그룹도 역시 search()나 findall() 함수로 반환되는 부분 문자열을 표현한다. r"c(ab)+"는 "c"로 시작하고 1개 이상의 "ab"가 붙는 부분 문자열을 찾지만, "ab"만 반환하는 차이점이 있다.[5]

sub(pattern, repl, string, flags=0) 함수는 string으로 매칭되는 부분 문자열을 repl로 치환한다. 옵셔널(optional) 파라미터 count를 설정해 치환 횟수를 제한할 수 있다.

```
re.sub(r"[a-z ]+", "[...]", "0010010 has at least one 010 letter 0010010")
>>>
'0010010[...]010[...]0010010'
```

정규 표현식은 훌륭한 도구이지만, 확장자로 파일명을 매칭하는 등의 작업에는 글로빙을 사용해서 같은 결과를 더 쉽게 얻을 수 있다. 다음 UNIT에서 더 자세히 알아보자.

---

5 역주 비캡처링 그룹을 사용하는 r"c(?:ab)+"는 c를 포함해 반환합니다.

파일과 기타 스트링 다루기

DATA SCIENCE FOR EVERYONE

글로빙(globbing)은 간소화된 정규 표현식으로 쓰인 파일명이나 와일드카드를 매칭하는 과정이다. 와일드카드는 '*'(0개 이상의 문자를 의미)와 '?'(정확히 1개 문자를 의미) 등 특수문자를 포함한다. '\', '+', '.'는 특수문자가 아니라는 것을 기억하자.

glob 모듈은 와일드카드 매칭에 사용하는 동명의 함수를 제공한다. 이 함수는 파라미터로 넘겨받은 와일드카드에 부합하는 모든 파일명이 담긴 리스트를 반환한다.[6]

```
import glob
glob.glob("*.txt")
>>>
['public.policy.txt', 'big.data.txt']
```

'*' 와일드카드는 점('.')으로 시작하는 파일을 제외한 현재 디렉터리(폴더)에 있는 모든 파일을 매칭한다. 특정한 파일명으로 매칭할 때는 ".*" 와일드카드를 사용하면 된다.

6　역주 코드를 실행하면 아나콘다 실행 폴더(C:\Users\사용자 이름 폴더)에 있는 텍스트 파일 리스트가 나옵니다.

UNIT 12

pickle로 데이터 압축하기

pickle 모듈은 직렬화(serialization)(파이썬 자료구조를 파일로 저장하고 다시 읽어 오는 기능)를 수행한다. 파이썬으로 작성된 프로그램이라면 어디에서나 pickle 화된 파일을 읽을 수 있지만, 다른 언어로 작성된 프로그램에서는 작동하지 않는다(작동하려면 pickle 프로토콜이 해당 언어에 구현되어 있어야 한다).

pickle 파일은 반드시 바이너리 모드에서 읽거나 써야 한다.

```python
# 객체를 파일에 저장한다.
with open("myData.pickle", "wb") as oFile:
  pickle.dump(object, oFile)

# 같은 객체를 다시 읽는다.
with open("myData.pickle", "rb") as iFile:
  object = pickle.load(iFile)
```

하나의 pickle 파일에 여러 개의 객체를 저장할 수도 있다. load( ) 함수는 pickle 파일에서 다음 객체를 반환하거나 파일의 마지막 부분이 탐지되었다면 오류를 발생시킨다. pickle에 접근할 수 없는 소프트웨어로 계속해서 분석할 것이 아니라면 pickle을 사용해 데이터가 처리된 중간 결과를 저장할 수도 있다.

이 장에서는 로컬 디스크 파일과 인터넷에서 데이터를 추출하고, 특정한 패턴에 맞는 부분을 추리며, 앞으로 데이터를 처리하려고 pickle화하는 방법도 살펴보았다. 컴퓨터 과학에 한계는 없지만, 타입, 목적, 복잡도 측면에서 보면 데이터 추출이 필요한 시나리오 개수는 정해져 있다. 그중 몇 가지를 소개한다.

★☆☆ 단어 빈도 카운터

사용자에게서 요청받은 웹 페이지를 내려받아 가장 빈번하게 사용한 단어 10개를 추출하는 프로그램을 만들어 보자. 이 프로그램은 대·소문자를 구분하지 않는다. 이 연습문제의 목적을 감안해 단어는 정규 표현식 r"\w+"를 사용해 구분할 수 있다고 가정한다.

★★☆ 파일 인덱서

사용자가 지정한 특정 디렉터리(폴더)에 있는 모든 파일에 인덱스를 붙이는 프로그램을 만들어 보자. 이 프로그램은 모든 파일에 등장하는 단어들을 키(key)로, 해당 단어가 들어 있는 모든 파일명 리스트를 값(value)으로 가진 딕셔너리를 만든다. 예를 들어 단어 "aloha"가 "early-internet.dat"와 "hawaiian-travel.txt" 파일에서 언급되었다면 딕셔너리는 {…, 'aloha': ['early-internet.dat', 'hawaiian-travel.txt'], …}를 포함하게 된다.

만든 딕셔너리를 앞으로도 사용할 수 있도록 pickle화하자.

★★★ 전화번호 추출기

주어진 텍스트 파일에서 모든 전화번호를 추출하는 프로그램을 작성해 보자. 나라마다 전화번호 양식이 다르기 때문에 이 연습문제는 쉽지 않을 것이다. 모든 전화번호 양식에 부합하는 정규 표현식을 만들 수 있을까?

이 연습문제가 그리 어렵지 않았다면 우편번호를 추출하는 프로그램도 짜 보자!

3장

텍스트 데이터 다루기

제이슨(Jason), 이 자가 누구이길래
신들이 그를 그렇게 아꼈단 말인가?
그는 어디서 왔으며, 그의 이야기는 무엇인가?

– 호메로스(Homeros), 그리스 시인

우리는 때때로 온갖 종류의 텍스트 문서에서 원천 데이터를 확보한다. 텍스트 문서는 정형 문서 (HTML, XML, CSV, JSON 파일)와 비정형 문서(플레인 텍스트, 사람이 읽을 수 있는 텍스트)로 나눈다. 비정형 데이터는 프로세싱 소프트웨어가 데이터 의미를 추론해야 하므로 가장 다루기 힘든 데이터 소스로 꼽힌다.

앞에서 언급한 데이터는 모두 사람이 읽을 수 있는 형태다. 필요하다면 텍스트 편집기(윈도에서는 Notepad, 리눅스에서는 gedit, 맥 OS X에서는 TextEdit)를 사용해서 텍스트 파일을 열어 눈으로 읽고 손으로 편집할 수 있다. 다른 도구를 사용할 수 없는 상황일 때는 표현 구조에 관계없이 텍스트 문서를 텍스트로 취급하고, 파이썬의 문자열 함수를 사용해서 내용을 살펴보면 된다 ('UNIT 04. 기본 문자열 함수 이해하기'에서 자세히 알아보았다).

운이 좋게도 아나콘다는 이를 해결할 수 있는 몇 가지 훌륭한 모듈을 제공한다. BeautifulSoup, csv, json, nltk는 두렵게만 보이는 텍스트 분석을 아주 흥미롭게 만들어 준다. "실체가 필요 이상으로 늘어나서는 안 된다."는 오컴의 면도날(Occam's razor) 원칙에 따라, 우리는 이미 있는 도구를 다시 새로 만들지 말아야 한다. 이는 텍스트 처리 도구뿐만 아니라 아나콘다 패키지에도 해당한다.

가장 간단한 정형 데이터의 사례로 '텍스트 데이터 다루기'를 시작해 보자. 그리고 자연어 처리 기법을 사용해서 비정형 데이터를 구조화하는 방법도 알아보자.

HTML 파일 처리하기

첫 번째로 다룰 정형 문서는 HTML이다. HTML은 정보를 사람이 읽을 수 있는 형태로 웹에서 표현하려고 사용하는 마크업 언어다. HTML 문서는 텍스트, 텍스트 표현과 해석을 통제하는 태그(tag)(산형괄호 〈〉로 씌운)로 구성된다. 태그는 속성(attributes)도 가질 수 있다. 표 3-1에서 몇 가지 HTML 태그와 속성을 알아보자.

표 3-1
자주 사용하는 HTML
태그와 속성

태그	속성	목적
HTML		HTML 문서 전체
HEAD		문서 헤더
TITLE		문서 타이틀
BODY	background, bgcolor	문서 바디
H1, H2, H3 등		섹션 헤더
I, EM		강조(이탤릭)
B, STRONG		강조(볼드)
PRE		미리 설정된 포맷
P, SPAN, DIV		문단, span, division
BR		줄 바꿈
A	href	하이퍼링크
IMG	src, width, height	이미지
TABLE	width, border	테이블
TR		테이블 행
TH, TD		테이블 헤더 · 데이터 셀
OL, UL		순번 · 비순번 리스트
LI		리스트 아이템
DL		서술(description) 리스트
DT, DD		서술 주제, 정의
INPUT	name	사용자 입력 필드
SELECT	name	풀다운(pull-down) 메뉴

HTML
웹 문서를 만드는 데
사용하는 기본적인
프로그래밍 언어

HTML은 XML의 전신(precursor)이다. XML은 언어는 아니지만 구조가 비슷한 마크업 언어 집단이며, 기계가 문서를 읽을 수 있게 처리하려고 만들었다. 사용자는 XML 태그와 속성을 필요에 따라 정의한다.

XML ≠ HTML

XML과 HTML은 외형적으로 비슷하지만, HTML 문서는 유효한 XML 문서가 아니다. XML 문서도 역시 HTML 문서가 아니다.

XML 태그는 사용처에 따라 다르다. 산형괄호로 둘러싸는 등 몇 가지 규칙만 지킨다면 알파벳이나 숫자로 된 문자열도 태그가 될 수 있다. XML 태그는 텍스트가 표현되는 방식은 다룰 수 없고, 그 해석(interpretation)만 다룰 수 있다. XML은 사람이 직접 읽지 않는 문서에 주로 사용한다. 또 다른 언어인 XSLT(eXtensible Stylesheet Language Transformation)는 XML을 HTML로 바꾸고, CSS(Cascading Style Sheets)는 HTML 문서에 스타일을 더한다.

BeautifulSoup 모듈은 HTML과 XML 문서를 파싱하고 읽고 변형하는 데 사용한다. 마크업 문자열, 마크업 파일, 웹에 있는 마크업 문서에 연결된 URL에서 BeautifulSoup 객체를 생성할 수 있다. BeautifulSoup4를 설치하지 않았다면 conda install BeautifulSoup4 명령어로 설치한다.[1]

> **NOTE** 내려받은 예제 파일은 실행 폴더(아나콘다를 설치할 때 기본 값으로 설정했다면 C:\Users\사용자 이름 폴더가 실행 폴더다)에 복사해 두고 사용하면 따로 경로명을 설정하지 않아도 자동으로 인식한다. 경로명을 바꾸었다면 책의 모든 예제에 경로명을 넣어 주고 실습을 진행한다.

```
from bs4 import BeautifulSoup
from urllib.request import urlopen

# 문자열에서 soup을 생성한다.[2]
```

---

1 **역주** 윈도에서는 윈도 명령 프롬프트(윈도 시작 메뉴에서 마우스 오른쪽 버튼 클릭 〉 실행 〉 cmd 입력 후 실행)에서 명령어를 실행합니다. 자세한 내용은 부록 C를 참고합니다.

2 **역주** 이 코드를 처음 실행하면 경고 메시지를 표시할 수 있는데, 실습에는 무리가 없으므로 무시하고 진행합니다. 다시 실행하면 경고는 사라집니다.

```
soup1 = BeautifulSoup("<HTML><HEAD><header></HEAD><body></HTML>")

# 로컬 파일에서 soup을 생성한다.³
soup2 = BeautifulSoup(open("myDoc.html"))

# 웹 문서에서 soup을 생성한다.
# urlopen()이 "http://"를 자동으로 추가하지 않는다는 것을 기억하자!
soup3 = BeautifulSoup(urlopen("http://www.networksciencelab.com/"))
```

객체 생성자의 두 번째 옵션 인자는 마크업 파서(markup parser)로 이는 HTML 태그와 내용을 추출하는 파이썬 컴포넌트다. BeautifulSoup은 다음 네 가지 파서를 보유하고 있다.

- "html.parser"(기본 옵션으로 매우 빠르지만, 매우 유연하지는 않다. '단순한' HTML 문서에 사용한다.)
- "lxml"(매우 빠르고 유연하다.)
- "xml"(XML 파일에만 사용한다.)
- "html5lib"(매우 느리지만, 매우 유연하다. 구조가 복잡한 HTML 문서에 사용하거나 파싱 속도를 신경 쓰지 않아도 된다면 모든 HTML 문서 파싱에 사용할 수 있다.)

soup을 준비했다면, soup.prettify() 함수로 마크업 문서를 읽기 쉬운 형태로 출력할 수 있다.

soup.get_text() 함수는 마크업 문서에서 모든 태그를 제거하고 텍스트 부분만 반환한다. 텍스트만 출력하고 싶다면 이 함수를 사용해서 마크업 문서를 플레인 텍스트로 변환할 수 있다.

```
htmlString = ''' <HTML>
  <HEAD><TITLE>My document</TITLE></HEAD>
  <BODY>Main text.</BODY></HTML>
```

---

3 [역주] 내려받은 myDoc.html 파일을 사용합니다. myDoc.html 파일을 실행 폴더에 넣어 두었다면 자동으로 인식됩니다.

```
...

soup = BeautifulSoup(htmlString)
soup.get_text()
>>>
'\nMy document\nMain text.\n'
```

마크업 태그는 파일에서 특정 부분을 찾는 데 사용하기도 한다. 예를 들어 여러분이 첫 번째 테이블 첫 번째 행에 관심이 있다고 하자. 플레인 텍스트만으로는 원하는 목적을 달성하기 어려운데, class나 id 속성이 부여되었다면 태그로는 가능하다.

BeautifulSoup은 태그 간 모든 상하적이고 수평적인 관계에서 일관된 접근 방식을 사용한다. 태그 간 관계는 태그 객체의 속성으로 표현하며, 파일 시스템의 상하 구조와 유사하다. soup 제목인 soup.title은 soup 객체의 속성이다. 제목에 있는 부모 엘리먼트(element)의 name 값은 soup.title.parent.name.string으로, 첫 번째 테이블 첫 번째 행 첫 번째 셀은 soup.body.table.tr.td로 표현할 수 있다.

태그 t의 이름은 t.name으로 문자열로 된 값(t.string으로 원래 내용에 접근할 수 있고 t.stripped_string을 쓰면 공백을 제거한 문자열 리스트를 반환한다)이 있다. 부모 태그는 t.parent, 다음 태그는 t.next, 바로 전 태그는 t.prev이며, 자식 태그(태그 안의 태그)는 t.children이다.

하이퍼링크
인터넷에 나타나는 다른 웹 사이트와 연결되어 있는 글. 이 글을 클릭하면 바로 웹 사이트로 연결

BeautifulSoup 모듈에서는 파이썬 딕셔너리 인터페이스로 HTML 태그 속성에 접근할 수 있다. 객체 t가 <a href="foobar.html"> 같은 하이퍼링크라면, 링크의 문자열 값은 t["href"].string이 된다. HTML 태그는 대·소문자를 구분하지 않는다.

아마도 soup 함수 중 가장 유용한 함수는 soup.find()와 soup.find_all()일 것이다. 특정한 태그의 첫 번째 인스턴스나 전체 인스턴스를 찾는 데 사용한다. 몇 가지 사용 예를 살펴보자.

- ⟨H2⟩ 태그로 된 모든 인스턴스

```python
level2headers = soup.find_all("H2")
```

- 볼드나 이탤릭 포맷으로 된 모든 인스턴스

```python
formats = soup.find_all(["i", "b", "em", "strong"])
```

- 특정한 속성(id="link3" 같은)을 가진 모든 태그

```python
soup.find(id="link3")
```

- 모든 하이퍼링크나 첫 번째 링크(딕셔너리 구문이나 tag.get() 함수 사용)

```python
links = soup.find_all("a")
firstLink = links[0]["href"]
# 혹은
firstLink = links[0].get("href")
```

크롤링
무수히 많은 컴퓨터에 분산 저장된 문서를 수집해 검색 대상의 색인으로 포함하는 기술

웹 크롤링
조직적이고 자동화된 방법으로 웹을 탐색하고 자료를 모으는 것. 스파이더링(spidering)이라고도 함

마지막 예에서 사용한 두 표현 모두 속성이 존재하지 않는다면 오류가 발생한다. 태그를 추출하기 전에 tag.has_attr() 함수를 사용해서 속성이 존재하는지 꼭 확인하자. 다음 구문은 BeautifulSoup과 리스트 내포를 결합해 웹 페이지에 포함된 모든 링크와 그에 연결된 URL, 레이블을 추출한다(재귀적인 웹 크롤링(recursive web crawling)에 유용하다).

```python
with urlopen("http://www.networksciencelab.com/") as doc:
    soup = BeautifulSoup(doc)

links = [(link.string, link["href"])
    for link in soup.find_all("a")
    if link.has_attr("href")]
links
```

links 값은 튜플의 리스트다. 코드를 실행하면 다음 값이 나온다.

```
[('Network Science Workshop',
 'http://www.slideshare.net/DmitryZinoviev/workshop-20212296'),
 ≪…생략…≫,('Academia.edu',
 'https://suffolk.academia.edu/DmitryZinoviev'), ('ResearchGate',
 'https://www.researchgate.net/profile/Dmitry_Zinoviev')]
```

HTML/XML의 장점은 폭넓은 사용성이지만, 이는 단점이기도 하다. 특히 테이블형 데이터를 다룰 때 그러하다. 다행하게도 여러분은 테이블형 데이터를 안정적이고 쉽게 가공할 수 있는 CSV 파일에 저장할 수 있다. 다음 UNIT에서 더 자세히 알아보자.

CSV 파일 다루기

DATA SCIENCE FOR EVERYONE

CSV는 정형 텍스트 파일 포맷으로 테이블형이나 테이블형에 가까운 데이터를 저장하고 옮긴다. CSV 포맷은 1972년 처음 등장해서 마이크로소프트 엑셀(Excel), Apache OpenOffice Calc 등 여러 스프레드시트 소프트웨어의 포맷으로 선택되었다. 공공 데이터를 제공하는 미국 정부 웹 사이트인 Data.gov[4]는 무려 1만 2550개의 데이터셋을 CSV 포맷으로 제공한다.

CSV 파일은 변수(variable)를 표현하는 열(column)과 레코드(record)를 표현하는 행(row)으로 구성되어 있다(통계학 전공의 데이터 과학자들은 레코드를 관찰 값(observations)이라고도 칭한다). 레코드 하나에 속한 필드들은 보통 쉼표로 구분하는데, 다른 구분자인 탭(TSV, Tab−Separated Values), 콜론, 세미콜론, 버티컬바(|)도 흔히 사용한다. 여러분 파일에는 쉼표를 사용할 것을 권장하지만, 필자의 조언을 따르지 않은 사람들이 쓴 파일에는 다른 구분자를 사용했을 수도 있다는 점을 염두에 두자.

때로는 구분자처럼 보이는 것이 실제로는 구분자가 아닐 수도 있다. 구분자로 쓰는 문자를 변수 값의 일부(…,"Hello, world",…처럼)로 사용하려면 해당 필드를 따옴표로 감싼다.

편의상 파이썬의 csv 모듈은 CSV 리더(reader)와 라이터(writer)를 제공한다. 이들은 이미 열려 있는 텍스트 파일 핸들을 첫 번째 파라미터로 취한다(이 예제에서는 줄을 바꾸지 않으려고 newline='' 옵션을 추가해 파일을 열었다). delimiter와 quotechar 파라미터를 사용해서 구분자나 따옴표 문자(필드 안의 데이터를 묶는다)를 추가로 지정할 수도 있다. 다른 부가적인 파라미터로는 이스케이프 문자나 라인 제거 등이 있다.

---

4 goo.gl/RE4Quc

```
with open("somefile.csv", newline='') as infile:
    reader = csv.reader(infile, delimiter=',', quotechar='"')
```

CSV 파일의 첫 번째 레코드는 보통 열의 헤더일 때가 많으며, 파일의 나머지 부분과는 다르게 처리해야 할 수도 있다. 이는 관행일 뿐 CSV 포맷의 특징은 아니다.

CSV 리더는 for 루프에서 사용할 수 있는 이터레이터 인터페이스를 제공한다. 이터레이터는 다음 레코드를 문자열 필드의 리스트로 반환한다. 리더는 필드를 수치형 데이터 타입으로 변환하지 않으며(우리가 직접 해야 한다), skipinitialspace=True 파라미터를 입력받지 않는 한 필드 앞의 공백은 제거하지 않는다.

CSV 파일의 크기를 모르거나 대용량일 가능성이 있다면 모든 레코드를 한 번에 다 읽고 싶지는 않을 것이다. 대신에 점진적이고 반복적으로 행과 행을 넘기면서 처리해 보자. 행을 읽고 처리하고 버리고는 다시 새로운 행을 읽는다.

CSV 라이터는 writerow()와 writerows() 함수를 제공한다. writerow() 함수는 문자열이나 숫자로 구성된 시퀀스(sequence)를 하나의 레코드로 파일에 기록한다. 숫자는 문자열로 변환되므로 이를 걱정할 필요는 없다. 마찬가지로 writerows() 함수는 문자열이나 숫자 시퀀스의 리스트를 레코드의 묶음으로 파일에 기록한다.

다음 예제에서는 csv 모듈을 사용해 CSV 파일에서 'COUNT PARTICIPANTS' 열을 추출할 것이다. 해당 열의 인덱스는 모르지만, 해당 열은 확실히 존재한다고 가정하자. 데이터 값을 얻기만 한다면 statistics 모듈을 사용해서 나이 변수의 평균과 표준편차를 구할 수 있다.

먼저 파일을 열고 데이터를 읽어 보자. 실습하려면 Demographic_Statistics_By_Zip_Code.csv 파일이 있어야 한다.[5]

5 　**역주** 실습을 하려면 Demographic_Statistics_By_Zip_Code.csv 파일이 필요합니다. 앞에서 예제 파일을 내려받아 아나콘다 실행 폴더에 넣었다면 자동으로 읽어 들입니다. 아직 내려받지 않았다면 예제 파일을 내려받아 '예제파일' 폴더의 모든 파일을 복사해서 아나콘다 실행 폴더에 넣어 줍니다. 원한다면 Data.gov에서 적당한 자료를 내려받아 사용해도 되는데, 이때는 코드에서 CSV 파일명과 몇몇 값을 수정해야 합니다.

```
import csv
with open("Demographic_Statistics_By_Zip_Code.csv", newline='') as infile:
  data = list(csv.reader(infile))
```

파일의 첫 번째 레코드인 data[0]을 검사해 보자. 이는 우리가 찾고 싶은 열을 포함하고 있을 것이다.

```
countParticipantsIndex = data[0].index("COUNT PARTICIPANTS")
countParticipantsIndex
```

마지막으로 나머지 레코드에서 필요한 데이터에 접근하고, 통계 값을 계산해서 출력해 보자.

```
import statistics
countParticipants = [int(row[countParticipantsIndex]) for row in data[1:]]
print(statistics.mean(countParticipants),
      statistics.stdev(countParticipants))
>>>
17.661016949152543 43.27973735299687
```

csv와 statistics 모듈은 '쉽지만 수준이 높지는 않은' 도구다. '6장. 데이터 시리즈와 프레임 다루기'에서 pandas 데이터 프레임으로 몇 개의 열을 분석하는 단순한 수준을 넘어선 프로젝트를 분석해 볼 것이다.

UNIT 15

JSON 파일 읽기

DATA SCIENCE FOR EVERYONE

JSON은 간단한 데이터 교환 포맷이다. 'UNIT 12. pickle로 데이터 압축하기'에서 다루었던 pickle과는 달리 JSON은 사용하는 언어에 의존적이지는 않지만 데이터를 표현하는 데는 제약 사항이 더 많다.

JSON : 누가 사용하나?

Twitter[6], Facebook[7]이나 Yahoo! 날씨[8] 같은 유명한 웹 사이트는 데이터 교환 포맷으로 JSON을 사용한 API를 제공한다.

JSON은 다음 데이터 타입을 지원한다.

- 기본 데이터 타입 : 문자열, 숫자, 참(true), 거짓(false), null
- 배열(arrays) : 파이썬의 리스트와 같다. 배열은 대괄호([ ])로 씌워서 표현한다. 배열 안의 아이템이 같은 데이터 타입일 필요는 없다.

  [1, 3.14, "a string", true, null]

- 객체(objects) : 파이썬의 딕셔너리에 대응된다. 객체는 중괄호({})로 씌워서 표현한다. 객체 안의 모든 아이템은 키(key)와 값(value)으로 구성되며, 쉼표로 구분한다.

  {"age" : 37, "gender" : "male", "married" : true}

---

6 goo.gl/prNbrN
7 https://developers.facebook.com
8 https://developer.yahoo.com/weather/

- 배열이나 객체, 기본 데이터 타입으로 구성된 어떤 재귀적인 조합(객체로 구성된 배열, 배열을 아이템 값으로 가지는 객체 등)

안타깝게도 집합(sets)이나 복소수(complex number) 같은 몇몇 파이썬 데이터 타입과 구조는 JSON 파일에 저장할 수 없다. 그러므로 이러한 타입을 다룰 때는 JSON으로 내보내기 전에 먼저 표현 가능한 데이터 타입으로 변형하는 작업을 해야 한다. 복소수는 2개의 실수가 담긴 배열로 변환하고, 집합은 아이템의 배열로 저장할 수 있다.

복잡한 데이터를 JSON 파일에 저장하는 것을 직렬화(serialization)라고 한다. 그 반대는 역직렬화(deserialization)다. 파이썬은 JSON 직렬화와 역직렬화를 json 모듈의 함수로 수행한다.

dump( ) 함수는 열려 있는 텍스트 파일에 파이썬 객체를 내보낸다(export). dumps( ) 함수는 파이썬 객체를 텍스트 문자열로 내보내는데, 데이터를 읽기 쉽게 출력하거나 프로세스 간 커뮤니케이션을 하려는 목적에서 사용한다. dump( ) 와 dumps( ) 함수 모두 JSON 직렬화를 수행한다.

pickle의 장점

JSON 파일에 데이터를 저장하면 여러분의 변수에 할당된 값이 저장된다. 그리고 다시 JSON 을 읽으면, 그 값들의 상태가 독립적으로 바뀐다. 같은 데이터를 pickle을 사용해서 저장하면 원래 변수에 연결된 참조 값(reference) 역시 저장된다. 저장한 pickle을 다시 읽으면 변수에 연결되었던 모든 레퍼런스가 계속 참조 상태를 유지하는 것을 확인할 수 있다.

loads( ) 함수는 JSON 문자열을 파이썬 객체로 변환한다(객체를 파이썬으로 '불러온다'). 이 변환은 언제나 가능하다. 마찬가지로 load( ) 함수는 열려 있는 텍스트 파일에 담긴 내용을 파이썬 객체로 변환한다. 하나의 JSON 파일에 2개 이상의 객체를 저장하면 오류가 발생한다. 그러나 이미 있는 파일에 2개 이상의 객체가 있다면 이를 텍스트로 읽어서 텍스트를 객체의 배열로 변환한 다음(텍스트 주

변에는 대괄호를, 객체 사이에는 쉼표 구분자를 달면 된다) loads( ) 함수를 사용
해서 텍스트를 객체의 리스트로 역직렬화하면 오류가 발생하지 않는다.

다음 코드는 (직렬화할 수 있는) 객체를 직렬화하고 역직렬화한다.

```
object = ≪어떤 직렬화 가능 객체≫

# 객체를 파일에 저장한다.
with open("data.json", "w") as out_json:
    json.dump(object, out_json, indent=None, sort_keys=False)

# 파일에서 객체를 읽어 온다.
with open("data.json") as in_json: object1 = json.load(in_json)

# 객체를 문자열로 직렬화한다.
json_string = json.dumps(object1)

# 문자열을 JSON으로 파싱한다.
object2 = json.loads(json_string)
```

짜잔! 네 번이나 고통스럽게 변환하는 과정을 거쳤지만 object, object1,
object2는 여전히 모두 값이 같다.

일반적으로 JSON 표현은 최종 결과물을 저장할 때 사용하는데, 여러분이 다른
프로그램으로 결과 값을 더 처리하거나 임포트해야 할 때 쓰면 좋다.

자연어 처리하기

DATA SCIENCE FOR EVERYONE

자연어
사람들이 일상적으로 쓰는 언어로, 인공적으로 만든 언어와 구분해 부르는 개념

자연어 처리
사람들이 쓰는 보통 언어를 컴퓨터에 인식시켜서 처리하는 일

경험에 비추어 보았을 때, 사용 가능한 모든 데이터의 80% 가량은 비정형적이다. 비정형 데이터에는 소리, 영상, 이미지(이 책에서는 다루지 않는다)와 **자연어**로 된 텍스트[9]가 있다. 자연어로 된 텍스트에는 태그, 구분자, 데이터 타입도 없지만, 풍부한 정보를 담고 있을 수 있다. 자연어 텍스트를 분석해서 특정 단어를 사용했는지, 얼마나 자주 사용했는지, 어떤 종류의 텍스트인지(텍스트 분류), 긍정적이거나 부정적인 메시지를 담고 있는지(감성 분석), 누가 혹은 무엇을 언급했는지(내용 추출) 등 다양한 분야의 정보를 얻을 수 있다. 1~2개의 텍스트는 직접 읽을 수 있지만, 대규모의 텍스트 분석은 자동화된 **자연어 처리**(NLP, Natural Language Processing)가 필요하다.

상당수 NLP 기능은 파이썬의 `nltk`(natural language toolkit) 모듈에 구현되어 있다. 이 모듈은 코퍼스, 함수와 알고리즘으로 구성된다.

 1 **NLTK 코퍼스**

코퍼스(corpus)(말뭉치)는 정형이나 비정형인 단어나 표현의 묶음이다. 모든 NLTK 코퍼스는 `nltk.corpus` 모듈에 저장되어 있다. 예를 들면 다음과 같다.

- `gutenberg` : 〈모비딕(Moby Dick)〉이나 〈성경〉 등 구텐베르크 프로젝트 (Gutenberg Project)에서 제공하는 영문 텍스트 18개
- `names` : 8000개의 남성과 여성의 이름 리스트

---

9 goo.gl/MsKoTe

- words : 가장 빈번하게 사용하는 영어 단어 23만 5000개
- stopwords : 14개의 언어로 된 가장 많이 사용하는 **불용어**(stop word) 리스트. 영어로 된 리스트는 stop words.words("english")에 저장되어 있다. 불용어는 대부분의 분석에서 보통 삭제하는데, 텍스트 이해에 별로 기여하는 바가 없기 때문이다.
- cmudict : 카네기멜론대학교에서 만든 발음 사전으로 13만 4000개 입력 데이터가 있다. cmudict.entries()의 각 입력 데이터는 단어와 그 음절(syllables) 리스트의 튜플이다. 단어가 같더라도 다르게 발음할 수 있다. 이 코퍼스를 사용하면 발음이 같은 동음이의어(homophones)를 찾아볼 수 있다.

nltk 모듈을 처음 사용한다면 다음 명령어로 nltk를 설치한다.[10]

```
import nltk
nltk.download()
```

nltk.corpus.wordnet 객체는 온라인에 구축된 의미론적(semantic) 단어 네트워크인 Wordnet에 접근하는 인터페이스다(사용하려면 인터넷에 연결해야 한다). 이 네트워크는 synsets(유의어 묶음)로 구성되어 있고, 각 synset은 단어와 품사, 순번으로 구성되어 있다.

```
wn = nltk.corpus.wordnet # 코퍼스 리더(reader)
wn.synsets("cat")
>>>
[Synset('cat.n.01'), Synset('guy.n.01'), ≪…생략…≫]
```

synset은 상위어(hypernyms)와 하위어(hyponyms)를 가질 수 있는데, 이러한 특징은 synset을 하위 클래스(subclass)와 상위 클래스(superclass)를 가진 OOP(객체지향 프로그래밍) 클래스처럼 보이게 한다.

---

10 역주 코드를 실행했을 때 Resource 'corpora/wordnet' not found. Please use the NLTK Downloader to obtain the resource: >>> nltk.download() 오류를 표시한다면 nltk를 설치하지 않은 상태입니다.

```
wn.synset("cat.n.01").hypernyms()
wn.synset("cat.n.01").hyponyms()
>>>
[Synset('feline.n.01')]
[Synset('domestic_cat.n.01'), Synset('wildcat.n.03')]
```

마지막으로 여러분은 WordNet을 사용해서 두 synset 간 의미론적 유사도를 계산 할 수 있다. 유사도는 0에서 1 사이 실수다. 유사도가 0이면 두 단어는 서로 관계 가 없지만, 유사도가 1이라면 완전한 유의어다.

```
x = wn.synset("cat.n.01")
y = wn.synset("lynx.n.01")
x.path_similarity(y)
>>>
0.04
```

그러면 임의의 두 단어는 서로 얼마나 가까울까? 'dog'와 'cat'의 모든 synset을 살펴보고, 가장 의미론적으로 가까운 정의를 찾아보자.

```
[simxy.definition() for simxy in max(
  (x.path_similarity(y), x, y)
  for x in wn.synsets('cat')
  for y in wn.synsets('dog')
  if x.path_similarity(y) # synset들이 서로 관련 있는지 확인한다.
)[1:]]
>>>
['an informal term for a youth or man', 'informal term for a man']
```

짜잔! 기본적인 코퍼스 외에도 PlaintextCorpusReader로 여러분만의 코퍼스를 만들 수 있다. 리더는 root 디렉터리 경로에서 glob 패턴과 일치하는 파일을 찾 는다.

```
myCorpus = nltk.corpus.PlaintextCorpusReader(root, glob)
```

fileids() 함수는 새롭게 만든 코퍼스에 포함된 파일 리스트를 반환한다. raw() 함수는 코퍼스에 있는 '원천(raw)' 텍스트를 반환한다. sents() 함수는 모든 문장을 리스트로 반환한다. words() 함수는 모든 단어를 리스트 안에 넣어 반환한다. 이어지는 내용에서 원천 텍스트를 문장과 단어로 변환하는 마법이 어떻게 일어나는지 알아보자.

```
myCorpus.fileids()
myCorpus.raw()
myCorpus.sents()
myCorpus.words()
```

마지막 함수를 'UNIT 07. 카운터로 세기'에서 설명한 Counter 객체와 함께 사용하면 단어 빈도를 계산하고 등장 빈도가 가장 높은 단어를 뽑을 수 있다.

nltk 모듈은 비어 있다

nltk 모듈을 설치하면 코퍼스가 아니라 클래스만 설치한다. 배포에 포함하기에는 코퍼스 크기가 너무 크기 때문이다. 따라서 최초로 모듈을 임포트할 때는 download() 함수를 실행해야 한다는 것을 기억하자(인터넷 연결이 필요하다). 그리고 상황에 따라서 필요한 부분을 추가로 설치한다.

2 정규화

정규화(normalization)는 추가적으로 데이터를 처리하려고 자연어로 된 텍스트를 준비하는 과정이다. 이는 전형적으로 다음 단계로 진행한다(보통 이러한 순서를 따른다).

1. 토큰화(tokenization)(텍스트를 단어로 쪼갠다) : NLTK는 간단한 버전의 토크나이저 2개, 고급 버전 2개를 제공한다. 문장 토크나이저는 문자열로 된 문장 리스트를 반환한다. 나머지 토크나이저는 단어 리스트를 반환한다.

- word_tokenize(text) : 단어 토크나이저
- sent_tokenize(text) : 문장 토크나이저
- regexp_tokenize(text, re) : 정규 표현식 기반의 토크나이저. re 파라미터는 단어를 표현하는 정규 표현식

토크나이저의 퀄리티와 문장 구조에 따라서 어떤 단어는 알파벳이 아닌 문자를 포함할 수도 있다. 이모티콘을 이용한 감성 분석 등 문장 구조를 깊이 분석하는 작업을 할 때는 WordPunctTokenizer 같은 고도화된 도구가 필요하다. 같은 텍스트를 WordPunctTokenizer.tokenize()와 word_tokenize()가 어떻게 파싱하는지 비교해 보자.

```
from nltk.tokenize import WordPunctTokenizer
word_punct = WordPunctTokenizer()
text = "}Help! :))) :[ ..... :D{"
word_punct.tokenize(text)
>>>
["}", "Help", "!", ":)))", ":[", ".....", ":", "D", "{"]


nltk.word_tokenize(text)
>>>
["}", "Help", "!", ":", ")", ")", ")", ":", "[", "...", "..", ":",
 "D", "{"]
```

2. 단어의 대·소문자를 통일한다(전부 다 대문자 혹은 소문자로).

3. 불용어를 제거한다 : stopwords 코퍼스와 부가적으로 작업에 필요한 불용어 리스트를 참조한다. stopwords에 있는 단어는 모두 소문자로 되어 있다는 것을 기억하자. "THE"(불용어가 확실하다)는 코퍼스에서 찾을 수 없을 것이다.

4. 형태소 분석(stemming)(단어를 형태소로 변환한다) : NLTK는 2개의 기본 형태소 분석기를 제공한다. 포터(Porter) 형태소 분석기는 보수적이고, 랭커스터(Lancaster) 형태소 분석기는 더 적극적(aggressive)이다. 형태소 분석 규칙의 적극성 때문에 랭커스터 형태소 분석기는 더 많은 동음이의어 형태소(homonymous stem)를 생산한다. 두 분석기 모두 단어의 형태소를 반환하는

stem(word) 함수가 있다.

```
pstemmer = nltk.PorterStemmer()
pstemmer.stem("wonderful")
>>>
'wonder'
```

```
lstemmer = nltk.LancasterStemmer()
lstemmer.stem("wonderful")
>>>
'wond'
```

전체 문장이 아니라 단어 하나에서 형태소 분석기를 사용해야 한다. 그래야 제대로 작동한다!

5. 원형 추출(lemmatization) : 더 느리고 더 보수적인 형태소 추출 메커니즘이다. WordNetLemmatizer는 WordNet이 계산한 형태소를 참조해 문장에서 단어나 표현을 인식한다(원형 추출기를 사용하려면 인터넷에 연결해야 한다). lemmatize(word) 함수는 단어의 원형을 반환한다.

```
lemmatizer = nltk.WordNetLemmatizer()
lemmatizer.lemmatize("wonderful")
>>>
'wonderful'
```

정규화 과정의 일부는 아니지만, 품사 태깅(POS tagging)은 텍스트 처리에서 매우 중요한 단계다. nltk.pos_tag(text)는 텍스트(단어의 리스트)에 있는 모든 단어에 품사를 할당한다. 반환되는 값은 튜플의 리스트인데, 튜플의 첫 번째 요소는 원래 단어고 두 번째 요소는 품사다.

```
# 형용사와 명사
nltk.pos_tag(["beautiful", "world"])
>>>
[('beautiful', 'JJ'), ('world', 'NN')]
```

지금까지 다룬 모든 것을 이어 붙여 index.html 파일에서 (불용어를 제외하고) 가장 많이 등장한 단어 원형을 찾아보자('UNIT 13. HTML 파일 처리하기'에서 다룬 BeautifulSoup을 사용하면 된다).

```python
from bs4 import BeautifulSoup
from collections import Counter
from nltk.corpus import stopwords
from nltk import LancasterStemmer

# 형태소 분류기를 생성한다.
ls = nltk.LancasterStemmer()

# 파일을 읽고 soup을 만든다.
with open("index.html") as infile:
    soup = BeautifulSoup(infile)

# 텍스트를 추출하고 토큰화한다.
words = nltk.word_tokenize(soup.text)

# 단어를 소문자로 변환한다.
words = [w.lower() for w in words]

# 불용어를 제거하고 단어의 형태소를 추출한다.
words = [ls.stem(w) for w in text if w not in stopwords.words("english")
            and w.isalnum()]

# 가장 빈번하게 등장한 10개의 단어를 추출한다.
freqs = Counter(words)
print(freqs.most_common(10))
>>>
[('h', 1), ('e', 1), ('l', 1), ('p', 1), ('d', 1)]
```

이러한 코드는 주제 추출(topic extraction)의 첫 번째 단계라고도 볼 수 있다.

3 다른 텍스트 처리 방식

고급 NLP 방법을 논의하는 것은 이 책의 범위를 벗어나지만, 여러분의 흥미를 돋우려고 몇 가지 옵션을 간단히 알아보겠다.

- 세그먼테이션(segmentation) : 중국어처럼 단어 사이에 구문적 경계가 없는 텍스트에서 단어 경계를 인식하는 기법이다. 세그먼테이션은 연속적인 문자나 숫자에도 적용할 수 있다(예를 들어 연속적인 구매 기록이나 DNA 파편 등).
- 텍스트 분류(text classification) : 카테고리와 분류 기준을 설정하고 텍스트를 분류한다. 텍스트 분류의 대표적인 예는 감성 분석으로 일반적으로 감정이 담긴 단어의 빈도를 기반으로 분류한다.
- 대상 추출(entity extraction) : 설정 값에 부합하는 단어나 구문을 탐지하는데, 보통 인명, 지명, 법인 이름, 제품 이름이나 브랜드 등을 대상으로 한다.
- 잠재적 의미 색인(latent semantic indexing) : **특이 값 분해**(SVD, Singular Value Decomposition)를 사용해 비정형 텍스트 뭉치에서 등장하는 표현과 콘셉트 간의 관계를 규명한다. SVD는 통계학에서는 **주성분 분석**(PCA, Principal Component Analysis)으로 알려져 있다.

특이 값 분해
선형대수에서 실수나 복소수 행렬의 인수 분해를 말하는 것으로, 행렬의 역행렬을 잘 구할 수 없을 때 유용

주성분 분석
통계 데이터를 분석하는 하나의 기법으로 고차원의 데이터를 저차원의 데이터로 환원시킴. 예를 들어 어떤 개체를 설명하는데 x종의 데이터가 있다고 한다면 x종을 가장 적은 특성으로 정리하는 기법

이쯤 되면 여러분은 HTML, XML, CSV나 JSON 파일, 플레인 텍스트에서 귀중한 데이터를 추출하는 방법을 터득했을 것이다. HTML, XML 태그와 그 구조를 이해하고, 데이터에서 태그를 분리하며, (어느 정도) 단어를 정규화하는 방법을 배웠다. 지금까지 배운 것을 활용할 수 있고, 약간의 인내심이 필요한 연습문제들이 기다리고 있다. 도전해 보자.

★☆☆ 끊어진 링크 탐지기(Broken Link Detector)

웹 페이지의 URL을 입력받아 해당 웹 페이지에서 연결이 끊긴 링크 이름과 연결 대상을 출력하는 프로그램을 작성해 보자. 연습문제 목적에 따라 urllib.request.urlopen()으로 URL을 열 때 오류가 발생한다면 링크가 끊긴 것으로 인식한다.

★★☆ 위키피디아 마이너(Wikipedia Miner)

미디어위키(MediaWiki)(위키피디아 프로젝트[11])는 위키피디아 데이터와 메타데이터에 접근할 수 있는 JSON 기반 API를 제공한다. 제목이 'Data science'인 위키피디아 페이지에서 가장 많이 사용한 형태소를 출력하는 프로그램을 작성해 보자.

구현 힌트

- HTTPS가 아니라 HTTP를 사용한다.
- 미디어위키에서 'simple example'을 읽어 보고, 작성할 프로그램의 기반으로 사용한다.
- 먼저 제목으로 페이지 ID를 얻은 후 그 ID로 페이지에 접근한다.
- JSON 데이터를 시각적으로 살펴본다. 특히 데이터의 상하 구조에서 사용된 키(key)를 눈여겨보자. 이 글을 쓰는 시점에서 답은 여섯 번째 하위 항목에 있다.

---

11 goo.gl/QdXKiy

★★★ 음악 장르 분류기(Music Genre Classifier)

위키피디아를 사용해서 록(rock)과 팝(pop) 음악 장르 간 의미론적 유사도를 계산하는 프로그램을 작성해 보자. 장르별[12] 주요 음악 그룹 리스트로 시작해 보자(리스트에는 위계가 있으며 하위 카테고리가 존재한다). 관련된 모든 그룹을 찾을 때까지 리스트와 하위 항목을 재귀적으로 처리하자(시간과 트래픽을 아끼려고 영국 록 그룹처럼 탐색 범위를 좁혀도 된다). 결과로 얻은 각 그룹에서 (가능하다면) 장르를 추출해 보자. 자카드(Jaccard) 유사도 인덱스[13]를 사용해서 의미론적 유사도를 계산하자. 장르 A와 B의 쌍에서 $J(A,B) = |A \cap B| / |A \cup B| = |C| / (|A| + |B| - |C|)$인데 $|A|$와 $|B|$는 각 장르에 속하는 그룹 개수이며, $|C|$는 A와 B에 모두 속하는 그룹 개수다. 결과를 pickle로 저장해 차후에 또 쓸 수 있게 하자. 이 프로그램을 두 번 다시 돌려 보고 싶지 않을 것이다.

전체적으로 몇 개의 장르가 있으며, 어떤 장르가 서로 가장 강하게 연결되어 있는가?

---

12 goo.gl/XN/kEr
13 goo.gl/nhlZla

4장

데이터베이스 다루기

이 여신들은 누구인가? …… 열 번째는 보어(Vor)다.
그녀는 현명하고 탐구심이 많아
그 앞에서는 아무것도 숨길 수 없다.

– 스노리 스툴루손(Snorri Sturluson),
아이슬란드의 역사가, 시인, 정치가

여러분은 데이터 과학을 배우거나 연습하고 있다(체크!). 또 여러분은 파일에서 데이터를 불러와 파이썬 데이터 구조에 저장한다(체크!). 좋은 일들은 한 번에 3개씩 짝을 지어 생기는 법이다. 나머지 하나는 이 장에서 다룰 데이터베이스다. 데이터베이스는 여러분이 데이터를 장기적으로 저장하는 공간이다.

데이터베이스는 데이터 분석 파이프라인의 중요한 구성 요소다.

- 입력 데이터는 보통 데이터베이스 테이블 형태로 제공한다. 데이터를 추가로 처리하려면 데이터베이스에서 데이터를 가져와야 한다.
- 데이터베이스는 고도로 최적화되고 빠른 비휘발성 저장공간을 제공하며, 이곳에 원천 데이터와 중간 결과, 최종 결과를 저장할 수 있다. 원천 데이터가 데이터베이스에 없더라도 그 처리 결과를 저장할 수 있다.
- 데이터베이스는 정렬, 추출, 결합 등 매우 최적화된 데이터 변환(data transformation)을 지원한다. 원천 데이터나 중간 결과를 데이터베이스에 저장했다면, 여러분은 데이터베이스를 단순한 저장공간은 물론 데이터를 집계하는 용도로도 사용할 수 있다.

이 장에서는 현재 가장 인기 있는 관계형 데이터베이스인 MySQL과 문서 데이터베이스(혹은 NoSQL 데이터베이스)를 설치 · 조정하고 데이터를 채우고 조회하는 방법을 배울 것이다. 물론 이미 설정이 끝나 데이터가 채워진 데이터베이스를 사용할 일이 더 많겠지만, 데이터베이스 엔진의 내부를 이해하는 것은 여러분을 더 나은 프로그래머로 만들 뿐만 아니라 나중에 배울 pandas에서 단단한 기반을 다져 줄 것이다.

UNIT 17

MySQL 데이터베이스 설정하기

DATA SCIENCE FOR EVERYONE

관계형 데이터베이스
정형화된 테이블로 구성된 데이터 항목의 집합체로 관계형 모델에 기초하는 데이터베이스.
예를 들어 오라클, MySQL 등

SQL
관계형 데이터베이스의 데이터를 관리할 수 있는 데이터 언어

관계형 데이터베이스는 영구적으로 저장되고 정렬되어 있으며, 인덱스 처리된 테이블의 묶음이다. 관계형 데이터베이스는 CSV 파일 등 테이블형 데이터를 저장할 때 매우 유용하다. 여기서 하나의 테이블은 하나의 변수 타입을, 테이블의 열은 변수를, 행은 레코드나 관찰 값을 의미한다.

데이터베이스를 다룰 때는 파이썬이 필요하지 않다. 하지만 SQL(Structured Query Language)이나 MySQL 같은 특정한 구현 방식을 알아야 명령줄이나 파이썬 프로그램을 사용해서 관계형 데이터베이스에 접근할 수 있다.

명령줄에서 작동하는 MySQL 데이터베이스 서버와 통신하려면 mysql 같은 MySQL 클라이언트가 필요하다. 모든 MySQL 명령어는 대·소문자를 구분하지 않으며, 마지막에 세미콜론이 붙는다.

새 데이터베이스 프로젝트를 시작하려면 데이터베이스 관리자로 mysql을 실행해야 한다(이 작업은 한 번만 실행한다). 그리고 실습하려면 MySQL을 설치해야 한다.[1]

1. 셸 명령줄에서 mysql을 실행한다.

```
c:\myProject>mysql -u root -p
Enter password:
Welcome to the MySQL monitor. Commands end with ; or \g.
≪…생략…≫
mysql>
```

mysql 명령 프롬프트에서 나머지 명령어를 입력하면 된다.

1 　역주　MySQL 설치 방법은 부록 C를 참고하세요.

2. 새 데이터베이스 사용자(dsuser)와 패스워드(badpassw0rd)를 생성한다.

```
CREATE USER 'dsuser'@'localhost' IDENTIFIED BY 'badpassw0rd';
```

3. 프로젝트(dsdb)용 새 데이터베이스를 생성한다.

```
CREATE DATABASE dsdb;
```

4. 사용자에게 데이터베이스 접근 권한을 부여한다.

```
GRANT ALL ON dsdb.* TO 'dsuser'@'localhost';
```

자, 이제는 기존 데이터베이스에 새 테이블을 만들 차례다. 같은 mysql 클라이언트를 사용하는데, 이번에는 일반 데이터베이스 사용자로 로그인한다.

```
c:\myProject>mysql -u dsuser -p dsdb
Enter password:
Welcome to the MySQL monitor. Commands end with ; or \g.
《 ···생략··· 》
mysql>
```

일반적으로 테이블은 한 번만 만들어 여러 번 사용한다. 여러분은 프로젝트 목적에 맞게 테이블의 속성을 나중에 변경할 수도 있다. CREATE TABLE 명령어에 테이블 이름과 열 이름 리스트를 넣어 새 테이블을 만들 수 있다. 각 열에서 열 이름과 데이터 타입(이름과 타입 순서대로)을 지정해야 한다. 가장 흔한 MySQL 데이터 타입에는 TINYINT, SMALLEST, INT, FLOAT, DOUBLE, CHAR, VARCHAR, TINYTEXT, TEXT, DATE, TIME, DATETIME, TIMESTAMP가 있다.

다음 명령어는 employee 테이블을 만들고, empname(가변 길이의 텍스트), salary(실수)와 hired(날짜) 열을 생성한다. 테이블을 구성하는 레코드 하나는 직원 한 명을 표현한다.

```
USE dsdb;
CREATE TABLE employee (empname TINYTEXT, salary FLOAT, hired DATE);
>>>
Query OK, 0 rows affected (0.17 sec)
```

테이블이 더 이상 필요 없다면, 데이터베이스에서 삭제할 수 있다.

```
DROP TABLE employee;
>>>
Query OK, 0 rows affected (0.05 sec)
```

DROP 명령어는 우유를 쏟아 버리는 것처럼 짧고 우아하지만, 냉정하게도 한 번 실행하면 돌이킬 수 없다. 그러니 삭제하기 전에 꼭 두 번 생각하자.

데이터베이스 스키마

데이터베이스 스키마(database schema)는 데이터베이스의 구조로 모든 테이블, 열, 데이터 타입, 인덱스, 제약 조건, 테이블 간 관계를 표현한다. 스키마는 도넛의 구멍과 같다. 모든 테이블에서 데이터를 지우고 남은 것이 스키마다.

언어 표준에 따라 강제하는 사항은 아니지만, (저장공간이 허락하는 한) 각 레코드에 자동으로 생성되는 기본 키(primary key)와 자동으로 업데이트되는 마지막 수정 시점의 타임스탬프를 항상 추가해야 한다. 기본 키는 고유한 레코드를 식별할 수 있게 하며, 검색 속도를 높인다. 마지막 수정 시점의 타임스탬프는 수정 현황을 파악할 수 있게 하며, NOT NULL 키워드는 대상 열이 NULL이 아닌 값을 갖도록 강제한다.

```
CREATE TABLE employee (id INT PRIMARY KEY AUTO_INCREMENT,
  updated TIMESTAMP, empname TINYTEXT NOT NULL, salary FLOAT NOT NULL,
  hired DATE);
```

정렬, 추출, 결합 등에 열을 사용하려면 인덱스를 해당 열에 추가해야 한다.

```
ALTER TABLE employee ADD INDEX(hired);
>>>
Query OK, 0 rows affected (0.22 sec)
Records: 0 Duplicates: 0 Warnings: 0
```

인덱스는 검색 시간을 획기적으로 단축하지만, 데이터 입력과 삭제에 걸리는 시간을 늘린다는 점을 기억하자. 테이블에 상당 분량의 데이터를 입력한 후 인덱스를 생성해야 한다. 일정 분량 이상의 데이터를 새로 입력해야 한다면 먼저 기존 인덱스부터 지워야 한다.

```
DROP INDEX hired ON employee;
```

그러고 나서 데이터를 입력한 후 다시 인덱스를 추가한다.

직원 ID나 이름처럼 하나의 열에 있는 값들이 모두 고유하면, 해당 열에는 UNIQUE 제약 조건을 붙이자. 열 데이터 타입의 폭(width)이 가변적이라면 (VARCHAR, TINYTEXT, TEXT처럼), 해당 열에 들어가는 엔트리가 얼마나 고유한지 길이를 지정해야 한다.

```
ALTER TABLE employee ADD UNIQUE(empname(255));
```

기본 키는 언제나 유효한 값을 가지며(NOT NULL), 항상 인덱스로 기능하고 고유한 값을 가져야 한다.

MySQL 사용하기 : 명령줄

MySQL은 다섯 가지 기본 데이터베이스 연산(입력, 삭제, 변형, 추출, 결합)을 지원한다. 기본 연산을 사용해서 데이터베이스 테이블을 채우고 수정하고 데이터를 추출할 수 있다. 이러한 연산은 데이터 분석 프로그램에서 보통 실행하지만, 감을 익히려고 먼저 mysql 명령줄 프롬프트에서 연습을 시작한다.

1 입력

먼저 테이블에 3개의 레코드를 하나씩 차례로 입력(insertion)해 보자.

```
INSERT INTO employee VALUES(NULL,NULL,"John Smith",35000,NOW());
>>>
Query OK, 1 row affected, 1 warning (0.18 sec)
```

처음과 두 번째 NULL 값은 인덱스와 타임스탬프에 대한 플레이스 홀더(placeholder)다. 서버는 이들을 자동으로 인식한다. NOW() 함수는 현재 날짜와 시간을 반환하는데, 여기서 '날짜'에 해당하는 부분만 레코드에 입력된다. 이 쿼리는 경고를 하나 발생시키는데, 이는 시간 부분이 잘렸기(truncation) 때문이다. 최근에 발생한 경고(warning)와 오류(error)를 자세히 설명한 부분을 살펴보자.

```
SHOW WARNINGS;
>>>
+-------+------+------------------------------------------+
| Level | Code | Message                                  |
+-------+------+------------------------------------------+
| Note  | 1265 | Data truncated for column 'hired' at row 1 |
+-------+------+------------------------------------------+
1 row in set (0.00 sec)
```

데이터 입력이 UNIQUE(고유 값) 제약 조건을 위반한다면, 여러분이 IGNORE 키워드를 지정하지 않는 한 서버는 입력 명령을 취소한다.

```
INSERT INTO employee VALUES(NULL,NULL,"John Smith",35000,NOW());
>>>
ERROR 1062 (23000): Duplicate entry 'John Smith' for key 'empname'

INSERT IGNORE INTO employee VALUES(NULL,NULL,"John Smith",35000,NOW());
>>>
Query OK, 0 rows affected, 1 warning (0.14 sec)
```

손으로 직접 테이블에 행을 추가할 수도 있지만, 파이썬을 시켜서 나머지를 입력하는 방법이 더 낫다.

2 삭제

삭제(deletion)는 테이블에서 검색 조건에 부합하는 모든 레코드를 지우는 작업이다. 검색 조건을 설정하지 않는다면 서버는 저장된 모든 레코드를 삭제한다.

```
-- 이름이 John Smith이고 저소득이라면 레코드를 삭제한다.
DELETE FROM employee WHERE salary<11000 AND empname="John Smith";

-- 전체 레코드를 삭제한다.
DELETE FROM employee;
```

특정한 레코드 하나만 삭제하고 싶다면 고유의 기본 키나 다른 식별 조건을 사용한다.

```
DELETE FROM employee WHERE id=387513;
```

한 번 삭제하면 다시 되돌릴 수 없다는 점을 명심하자!

3 변형

변형(mutation)은 검색 조건에 부합하는 레코드의 특정 열 값을 업데이트하는 작업이다. 검색 조건을 설정하지 않을 때는 모든 레코드의 값을 바꾼다.

```
-- 최근에 입사한 모든 사람의 임금을 리셋한다.
UPDATE employee SET salary=35000 WHERE hired=CURDATE();

-- John Smith의 임금을 인상한다.
UPDATE employee SET salary=salary+1000 WHERE empname="John Smith";
>>>
Query OK, 1 row affected (0.06 sec)
Rows matched: 1 Changed: 1 Warnings: 0
```

여러분 짐작이 맞다. 한 번 변형하면 다시는 되돌릴 수 없다. 삭제와 마찬가지로 변형은 파괴적인 작업이다.

4 추출

추출(selection)은 검색 조건에 부합하는 모든 레코드의 요청된 열을 선택하는 작업이다. 검색 조건을 지정하지 않는다면 모든 레코드를 출력할 수 있는데, 이는 필요한 양보다 훨씬 많을 수 있다.

```
SELECT empname,salary FROM employee WHERE empname="John Smith";
>>>
+-----------+--------+
| empname   | salary |
+-----------+--------+
| John Smith | 36000  |
+-----------+--------+
1 row in set (0.00 sec)
```

```
SELECT empname,salary FROM employee;
```
>>>
```
+--------------+--------+
| empname      | salary |
+--------------+--------+
| JohnSmith    | 36000  |
| JaneDoe      | 75000  |
| Abe Lincoln  | 0.01   |
| AnonI.Muss   | 14000  |
+--------------+--------+
4 rows in set (0.00 sec)
```

정렬, 그룹핑, 집계, 필터링을 사용해서 추출 작업을 고도화할 수 있다. 결과를 정렬하려면 ORDER BY를 사용한다(여러 열을 기준으로 내림차순과 오름차순으로 정렬하는 것이 가능하다).

```
SELECT*FROM employee WHERE hired>= '2000-01-01' ORDER BY salary DESC;
```
>>>
```
+----+---------------------+--------------+--------+------------+
| id | updated             | empname      | salary | hired      |
+----+---------------------+--------------+--------+------------+
| 4  | 2016-01-09 17:35:11 | Jane Doe     | 75000  | 2011-11-11 |
| 1  | 2016-01-09 17:31:29 | John Smith   | 36000  | 2016-01-09 |
| 6  | 2016-01-09 17:55:24 | Anon I. Muss | 14000  | 2011-01-01 |
+----+---------------------+--------------+--------+------------+
3 rows in set (0.01 sec)
```

데이터를 그룹핑하고 집계하려면 GROUP BY와 COUNT( ), MIN( ), MAX( ), SUM( ), AVG( ) 같은 집계 함수를 사용한다.

```
SELECT(hired>'2001-01-01') AS Recent, AVG (salary) FROM employee
GROUP BY (hired>'2001-01-01');
```
>>>
```
+--------+---------------------+
| Recent | AVG(salary)         |
```

```
+--------+---------------------+
| 0      | 0.009999999776482582 |
| 1      | 41666.666666666664  |
+--------+---------------------+
```

2 rows in set (0.00 sec)

앞의 예제는 2001년 1월 1일을 기준으로 이전과 이후에 고용한 직원들의 평균 임금과 고용 기간 카테고리를 산출한다.

WHERE와 HAVING 키워드는 추출한 결과를 필터링한다. WHERE는 그룹핑하기 전에 실행하고, HAVING은 그룹핑한 후에 실행한다.

```
SELECT AVG(salary),MIN(hired),MAX(hired) FROM employee
GROUP BY YEAR(hired)
HAVING MIN(hired)>'2001-01-01';
```
>>>
```
+------------+------------+------------+
| AVG(salary) | MIN(hired) | MAX(hired) |
+------------+------------+------------+
| 44500      | 2011-01-01 | 2011-11-11 |
| 36000      | 2016-01-09 | 2016-01-09 |
+------------+------------+------------+
```

2 rows in set (0.00 sec)

앞의 예제는 2001년 1월 1일 이후에 고용한 직원들을 고용연도를 기준으로 묶고, 각 그룹의 평균 임금과 최고 · 최신 고용일자를 집계한다.

5 결합

결합(join)은 하나 이상의 열을 기준으로 두 테이블을 합치는 작업이다. MySQL은 inner(straight라고도 한다), left, right, outer, natural 등 다섯 가지 결합 타입을 지원한다. natural 결합은 left나 right 결합과도 사용할 수 있다. inner 결합은 두 테이블 모두에서 하나 이상의 공통 항목이 있는 행을 반환한다. left나 right 결합은 반대편 테이블에 매칭되는 행이 하나도 없더라도 left/right 테이블의 모든 행을 결합한다. outer 결합은 두 테이블 중 한 테이블에만 행이 있어도 이를 반환한다. 둘 중 하나의 테이블에 매칭되는 데이터가 없다면 서버는 그 대신에 NULL을 반환한다. natural 결합은 outer 결합처럼 행동하지만, 이름이 같은 열을 중복해서 반환하지는 않는다.

다음 명령어들은 직원의 직급으로 테이블을 만들고, 결합에 사용할 열에는 인덱스를 부여하며, 두 테이블에서 직원 이름과 직급을 출력한다(마지막 구문은 암묵적 inner 결합의 예다).

```
-- 테이블을 만들고 자료를 채워 넣는다.
CREATE TABLE position (eid INT, description TEXT);
INSERT INTO position (eid,description) VALUES (6,'Imposter'),
  (1,'Accountant'),(4,'Programmer'),(5,'President');
ALTER TABLE position ADD INDEX(eid);

-- 결합한 데이터를 불러온다.
SELECT employee.empname,position.description
FROM employee,position WHERE employee.id=position.eid
ORDER BY position.description;
>>>
+--------------+-------------+
| empname      | description |
+--------------+-------------+
| John Smith   | Accountant  |
| Anon I. Muss | Imposter    |
| Abe Lincoln  | President   |
| Jane Doe     | Programmer  |
+--------------+-------------+
4 rows in set (0.00 sec)
```

UNIT 19

MySQL 사용하기 : pymysql

DATA SCIENCE FOR EVERYONE

파이썬은 데이터베이스 드라이버 모듈을 사용해서 MySQL과 상호 작용할 수 있다. pymysql 등 몇 가지 데이터베이스 드라이버는 무료로 사용할 수 있도록 공개되어 있다. 여기서는 실습용으로 아나콘다를 설치할 때 함께 설치된 pymysql을 사용할 것이다. pymysql은 데이터베이스 서버에 연결한 후 데이터베이스 쿼리로 파이썬 함수를 변환하고, 파이썬 데이터 구조로 데이터베이스 조회 결과를 변환한다.

connect() 함수는 데이터베이스(DB 이름) 정보, 데이터베이스 서버의 위치(호스트와 포트 번호), 데이터베이스 사용자(사용자 이름과 비밀번호)가 필요하다. 성공적으로 연결하면 connect() 함수는 connection 식별자를 반환한다. 다음 단계는 데이터베이스 connection에 연결된 cursor를 생성하는 것이다. pymysql을 설치하지 않았다면 윈도 명령 프롬프트에서 conda install pymysql 명령어로 설치한다.

```python
import pymysql
conn = pymysql.connect(host="localhost", port=3306,
  user="dsuser", passwd="badpassw0rd", db="dsdb")
cur = conn.cursor()
```

cursor의 execute() 함수는 실행할 쿼리를 전달하고, 처리된 행의 개수를 반환한다(쿼리가 행의 내용을 변경하지 않을 때는 0을 반환한다). 쿼리는 지난 UNIT에서 배운 것을 바탕으로 여러분이 만드는 문자열이다. 명령줄에서 입력하는 MySQL 쿼리와 달리 pymysql 쿼리는 마지막에 붙는 세미콜론이 필요 없다.

```python
query = '''
SELECT employee.empname,position.description
```

```
FROM employee,position WHERE employee.id=position.eid
ORDER BY position.description
'''

n_rows = cur.execute(query)
```

변형을 가하지 않는 쿼리(SELECT 같은)를 전달할 때는 커서(cursor) 함수인 fetchall()을 사용해서 해당하는 모든 레코드를 가져올 수 있다. fetchall() 함수는 튜플로 된 열의 리스트로 변환할 수 있는 제너레이터를 반환한다.

```
results = list(cur.fetchall())
results
>>>
[('John Smith', 'Accountant'), ('Anon I. Muss', 'Imposter'),
 ('Abe Lincoln', 'President'), ('Jane Doe', 'Programmer')]
```

쿼리가 변형을 가한다면(UPDATE, DELETE, INSERT처럼) 커밋을 반드시 해야 한다 (이 함수는 커서가 아닌 커넥션(connection)이 제공한다는 것을 잊지 말자).

```
conn.commit()
```

변형을 가하는 쿼리를 커밋하지 않는다면 서버는 테이블을 바꾸지 않을 것이다.

관계형 데이터베이스는 1974년(ingres[2])부터 지금까지 사용된다. 관계형 데이터 베이스의 역사는 유서가 깊으며 테이블과 열, 행으로 표현할 수 있는 정규화된 데이터를 잘 처리한다. 솔직히 말해 어떤 데이터셋이든 정규화할 수 있지만, 정 규화에 드는 비용이 비싸서 엄두를 낼 수 없다(정규화에 드는 비용과 쿼리 퍼포 먼스 측면에서). 특정한 데이터 타입(텍스트 문서, 이미지, 음성, 영상 클립, 불규 칙한 데이터 구조)은 그 본성 자체가 정규화를 거부한다. 이러한 데이터를 SQL 규격에 강제로 맞추려고 마구 잘라 내거나 늘리지 말자. 그 대신 다음 UNIT에 서 다룰 NoSQL 문서 데이터베이스를 사용해 보자.

---

2   goo.gl/xZTys1

UNIT 20

문서 다루기 : MongoDB

DATA SCIENCE FOR EVERYONE

문서 데이터베이스(NoSQL 데이터베이스)는 객체의 비휘발성 묶음으로, 보통 속성이 있는 문서(documents)로 알려져 있다. 문서 저장소는 다양한 방식으로 구현한다. 여기서는 문서 저장소의 하나인 MongoDB를 자세히 살펴보고, MongoDB의 주요 경쟁자인 CouchDB도 간략히 훑어볼 것이다.

문서 데이터베이스
데이터 저장에 키-값 방식을 사용하지만, 값을 문서(워드프로세스 등 파일이 아니라 문자열이나 문자열을 이진 형태로 저장하는 데이터 구조)로 저장하는 데이터베이스

NoSQL 데이터베이스
Not only SQL을 강조해 '데이터베이스에서 SQL을 사용하지 않는다' 혹은 'SQL만 있는 것이 아니다'는 의미의 데이터베이스.
예를 들어 MongoDB, CouchDB, Hbase 등

MongoDB는 비관계형 데이터베이스다. 하나의 MongoDB 서버는 서로 연결되지 않은 다양한 데이터베이스를 지원할 수 있다. 하나의 데이터베이스는 하나 이상의 문서 컬렉션으로 구성된다. 하나의 컬렉션에 있는 모든 문서에는 고유한 구분자(unique identifier)가 들어 있다.

파이썬의 MongoDB 클라이언트는 파이썬 모듈인 pymongo에 구현되어 있으며, MongoClient 클래스의 인스턴스다. 여러분은 파라미터 없이 클라이언트를 생성할 수 있고(보통 서버를 로컬에 설치할 때 그렇게 한다), 서버의 호스트 이름과 포트 번호를 지정하거나 서버의 URI(Uniform Resource Identifier)를 파라미터로 설정할 수 있다. 실습하려면 MongoDB가 미리 설치되어 있어야 한다.[3] pymongo를 설치하지 않았다면 윈도 명령 프롬프트에서 conda install pymongo 명령어로 설치한다.

```
import pymongo as mongo

# 기본 클라이언트를 설정한다.
client1 = mongo.MongoClient()

# 호스트와 포트를 지정한다.
client2 = mongo.MongoClient("localhost", 27017)
```

3 역주 설치 방법은 부록 C를 참고하세요.

```
# URL로 호스트와 포트를 지정한다.
client3 = mongo.MongoClient("mongodb://localhost:27017/")
```

클라이언트가 데이터베이스 서버로 커넥션을 구축하고 나면, 대상 데이터베이스와 컬렉션을 지정한다. 객체 지향적인 '점'이나 딕셔너리 스타일의 구문을 선택해서 사용하면 된다. 지정한 데이터베이스나 컬렉션이 없을 때는 서버가 지정한 순간 데이터베이스나 컬렉션을 생성한다.

```
# 데이터베이스를 생성하거나 지정하는 두 가지 방법
db = client1.dsdb
db = client1["dsdb"]

# collection을 생성하거나 지정하는 두 가지 방법
people = db.people
people = db["people"]
```

pymongo는 파이썬의 딕셔너리로 MongoDB 문서를 표현한다. 객체를 표현하는 딕셔너리는 반드시 _id 키를 가져야 한다. 키가 없다면 서버가 이를 자동으로 생성한다.

컬렉션 객체는 컬렉션에 있는 문서를 입력·조회·삭제·업데이트·교체·집계하고 인덱스를 생성하는 다양한 함수를 제공한다.

insert_one(doc)과 insert_many(docs) 함수는 1개의 문서나 문서 리스트를 컬렉션에 입력한다. 이들 함수는 InsertOneResult나 InsertManyResult 객체를 반환한다. 그리고 각각 inserted_id와 inserted_ids 속성을 제공한다. 문서에 명시적인 키가 없을 때 이들 속성을 사용하면 키를 찾을 수 있다. _id 키가 지정되어 있다면 이는 문서를 입력한 후에도 그대로 남아 있다.

```
person1 = {"empname" : "John Smith", "dob" : "1957-12-24"}
person2 = {"_id" : "XVT162", "empname" : "Jane Doe", "dob" : "1964-05-16"}
person_id1 = people.insert_one(person1).inserted_id
person_id1
>>>
```

```
ObjectId('5691a8720f759d05092d311b')

# 새로운 "_id" 필드가 생겼다!
person1
>>>
{'empname': 'John Smith',
 'dob': '1957-12-24',
 '_id': ObjectId('5691a8720f759d05092d311b')}

# _id 키를 명확히 지정했으므로 키를 자동으로 생성하지 않는다.
person_id2 = people.insert_one(person2).inserted_id
person_id2
>>>
"XVT162"⁴

persons = [{"empname" : "Abe Lincoln", "dob" : "1809-02-12"},
           {"empname" : "Anon I. Muss"}]
result = people.insert_many(persons)
result.inserted_ids
>>>
[ObjectId('5691a9900f759d05092d311c'),
 ObjectId('5691a9900f759d05092d311d')]
```

find_one()과 find() 함수는 특정한 조건에 부합하는 하나 이상의 문서를 찾는
데 사용한다. find_one() 함수는 문서를 반환하고 find() 함수는 커서 제너레
이터를 반환하는데, 이는 list() 함수나 for 루프에서 이터레이터를 사용해서
리스트로 변환할 수 있다. find_one()이나 find() 함수에 딕셔너리를 파라미터
로 전달하면 이들 함수는 파라미터로 전달된 키 값과 일치하는 값을 지닌 문서를
반환한다.⁵

---

4   역주 DuplicateKeyError: E11000 duplicate key error collection: dsdb.people index: _id_ dup key: { :
    "XVT162" } 오류가 발생한다면 이 명령어를 생성한 후 같은 명령어를 실행했기 때문입니다. person_id2를 입력해 해당
    ID 값이 나오면 됩니다.
5   역주 즉, 검색 조건을 입력하는 것과 같습니다.

```
everyone = people.find()
list(everyone)
>>>
[{'empname': 'John Smith', 'dob': '1957-12-24',
  '_id': ObjectId('5691a8720f759d05092d311b')},
 {'empname': 'Jane Doe', 'dob': '1964-05-16', '_id': 'XVT162'},
 {'empname': 'Abe Lincoln', 'dob': '1809-02-12',
  '_id': ObjectId('5691a9900f759d05092d311c')},
 {'empname': 'Anon I. Muss', '_id': ObjectId('5691a9900f759d05092d311d')}]

list(people.find({"dob" : "1957-12-24"}))
>>>
[{'empname': 'John Smith', 'dob': '1957-12-24',
  '_id': ObjectId('5691a8720f759d05092d311b')}]

people.find_one()
>>>
[{'empname': 'John Smith', 'dob': '1957-12-24',
  '_id': ObjectId('5691a8720f759d05092d311b')}]

people.find_one({"empname" : "Abe Lincoln"})
>>>
{'empname': 'Abe Lincoln', 'dob': '1809-02-12',
 '_id': ObjectId('5691a9900f759d05092d311c')}

people.find_one({"_id" : "XVT162"})
>>>
{'empname': 'Jane Doe', 'dob': '1964-05-16', '_id': 'XVT162'}
```

몇 가지 그룹핑과 정렬 함수로 데이터를 집계하거나 줄을 세울 수 있다. sort()
함수는 쿼리 결과를 정렬한다. 별도의 인자 없이 함수를 실행하면 sort() 함수
는 _id 키로 오름차순 정렬을 한다. count() 함수는 전체 컬렉션(collection) 혹
은 쿼리로 반환되는 문서의 개수를 반환한다.

```
people.count()
>>>
4

people.find({"dob": "1957-12-24"}).count()
>>>
1

people.find().sort("dob")
>>>
[{'empname': 'Anon I. Muss', '_id': ObjectId('5691a9900f759d05092d311d')},
 {'empname': 'Abe Lincoln', 'dob': '1809-02-12',
  '_id': ObjectId('5691a9900f759d05092d311c')},
 {'empname': 'John Smith', 'dob': '1957-12-24',
  '_id': ObjectId('5691a8720f759d05092d311b')},
 {'empname': 'Jane Doe', 'dob': '1964-05-16', '_id': 'XVT162'}]
```

delete_one(doc)과 delete_many(docs) 함수는 하나의 문서 혹은 컬렉션에서 특정 조건을 만족하는 문서들을 삭제한다. 전체 문서를 삭제할 때 컬렉션을 남겨 두려면 빈 딕셔너리를 파라미터로 전달하는 delete_many({})를 실행한다.

```
result = people.delete_many({"dob" : "1957-12-24"})
result.deleted_count
>>>
1
```

CouchDB

또 다른 대중적인 NoSQL 데이터베이스는 CouchDB다. MongoDB와 달리 CouchDB는 일관성(consistency)보다 가용성(availability)을 우선시한다. CouchDB가 복제되어 있다면 (한 대 이상의 컴퓨터에서 돌아간다면) 이를 사용하는 모든 사용자가 DB에 접속할 수 있으나, 이들이 읽는 문서는 동일하지 않을 수도 있다. 반면 MongoDB가 복제되어 있다면 사용자는 모두 같은 문서를 읽을 수 있으나, 일부 사용자는 DB에 접속하지 못할 수도 있다. 여러분이 데 이터베이스를 복제할 계획이 없다면 CouchDB와 MongoDB 중 하나를 고르는 것은 순전히 미적 취향에 달렸다(즉, 기능상 차이는 없다).

데이터베이스 관리는 이 책에서 다루는 범위를 벗어나는 하나의 주요 과학 분야다. 이 장을 읽는 것만으로는 숙련된 데이터베이스 관리자나 전천후 데이터베이스 프로그래머가 될 수 없다. 하지만 여러분은 이제 테이블을 만들고 그곳에 데이터를 저장하며, 필요할 때는 데이터를 꺼내 올 수 있다. 그리고 이러한 작업은 SQL을 쓰거나 쓰지 않고도 할 수 있다.

★☆☆ MySQL 파일 인덱서

주어진 파일 안에 있는 모든 단어에서 단어(형태소가 아니다!)와 순번(1부터 시작하는), 품사를 MySQL 데이터베이스에 기록하는 프로그램을 짜 보자. NLTK WordPunctTokenizer(63쪽에서 소개)를 사용해서 단어를 분석해 보자. 모든 단어는 TINYTEXT MySQL 데이터 타입에 속할 정도로 짧다고 가정한다. 데이터베이스 스키마를 디자인하고, 필요한 모든 테이블을 생성하며, 파이썬 코딩을 하기에 앞서 명령줄 인터페이스에서 테스트해 보자.

★★☆ MySQL => MongoDB 변환기

MySQL 구문인 DESCRIBE table_name은 테이블에 있는 모든 열 이름과 데이터 타입, 제약 조건, 기본 값 등을 출력한다. MySQL 테이블(사용자가 지정한)에 있는 모든 데이터를 MongoDB 문서로 옮기는 파이썬 프로그램을 작성해 보자. 프로그램에서 타임스탬프는 절대 수정하지 않도록 한다.

5장

테이블형
수치 데이터 다루기

데이터를 얻기 전에 이론부터 세우는 것은 중대한 실수다.

– 아서 코난 도일(Sir Arthur Conan Doyle), 영국 작가

보통 원천 데이터는 온갖 종류의 텍스트 문서에서 얻을 수 있다. 그리고 그 텍스트는 숫자로 되어 있을 때가 많다. 엑셀과 CSV 스프레드시트, 특히 데이터베이스 테이블은 100만 혹은 억 단위의 수치형 데이터를 보관할 수 있다. 파이썬의 기본 함수들은 텍스트 처리에 매우 능하지만, 정확한 수치 연산을 처리하느라 때때로 애먹고는 한다. 이때 구원투수로 numpy가 등판한다.

NumPy는 Numeric Python(numpy로 임포트한다)으로 고성능 수치 연산을 구현하는 효율적이고 병렬화된 함수들에 접근할 수 있는 인터페이스다. numpy 모듈은 새로운 파이썬 데이터 구조인 배열(array)과 배열에 특화된 함수를 제공하며, 난수 생성, 데이터 집계, 선형대수, 푸리에 변환 등 유용한 함수를 지원한다.

테라바이트의 나라로

여러분의 프로그램이 엄청나게 큰 수치형 데이터(테라바이트나 그보다 큰)를 다루어야 한다면 h5py 모듈을 사용하는 것이 좋다. h5py 모듈은 IDL이나 MATLAB 등 다양한 서드파티(third-party) 소프트웨어에서 지원하는 HDF5 바이너리 데이터 포맷을 지원한다. h5py 모듈은 배열과 딕셔너리 같은 익숙한 numpy와 파이썬 메커니즘을 제공한다. numpy 사용 방법을 익히고 나면, 그다음은 h5py다. 하지만 이 책에서는 다루지 않는다.

이 장에서는 다양한 데이터 소스에서 여러 형태의 numpy 배열을 만들고, 배열의 형태를 변형하거나 자르고, 인덱스를 붙이고, 사칙·논리 연산과 데이터 집계 함수를 배열에 적용하는 방법을 배울 것이다.

배열
번호(인덱스)와 번호에 대응하는 데이터로 구성된 자료구조

numpy 배열은 파이썬의 리스트보다 더 간편하고 빠르다. 특히 다차원 데이터를 다룰 때 더욱 그러하다. 그러나 리스트와 달리 배열은 타입이 같은 아이템만 갖는다. 데이터 타입이 서로 다른 아이템을 하나의 배열에 섞어서 넣을 수 없다.

numpy 배열은 여러 가지 방법으로 만들 수 있다. array() 함수는 배열과 타입이 유사한 데이터에서 배열을 생성하며, 그 데이터는 리스트나 튜플, 배열이 될 수 있다. dtype 파라미터를 명시적으로 전달하지 않는다면 numpy는 배열 안 아이템의 데이터 타입을 데이터에서 추론한다. numpy는 bool_, int64, uint64, float64와 <U32(유니코드 문자열) 등 20여 가지의 데이터 타입을 지원한다.

numpy가 배열을 생성할 때는 소스에서 데이터를 배열로 복제하는 것이 아니라, 효율성을 높이려고 배열을 데이터에 연결한다. 즉, 기본적으로 numpy 배열은 대상 데이터의 뷰(view)이지 복제(copy)가 아니라는 의미다. 대상 데이터 객체를 변경하면 배열 데이터도 역시 변경된다. 이를 원하지 않는다면 copy=True 파라미터를 생성자에 전달한다(데이터가 엄청나게 크지 않는 한 언제나 복제하는 것이 좋다).

리스트는 배열이요, 배열은 배열이다

파이썬의 리스트는 그 이름이 의미하는 바와 달리 사실 리스트가 아니라 배열로 구현한다. 포워드 포인터(forward pointer)를 사용하지 않기 때문에 이것의 저장공간 역시 마련되어 있지 않다. 규모가 큰 파이썬 리스트가 차지하는 저장공간은 '진짜' numpy 배열에 비해 13% 정도만 클 뿐이다. 하지만 파이썬에서 sum() 함수 같은 내장 연산을 실행할 때 리스트가 배열보다 5~10배 더 빠르다. numpy를 사용하는 프로젝트를 시작하기 전에 먼저 numpy에 특화된 기능들이 정말로 필요한지 스스로 확인해 보자.

우리의 첫 번째 배열을 만들어 보자. 10개의 양수로 된 간단한 배열이다.

```
import numpy as np
numbers = np.array(range(1, 11), copy=True)
members
>>>
array([1, 2, 3, 4, 5, 6, 7, 8, 9, 10])
```

ones(), zeros(), empty() 함수는 1, 0, 아직 생성되지 않은 엔트리로 구성된 배열을 만든다. 이 함수들은 배열의 차원을 담은 리스트나 튜플을 필수적인 파라미터로 받는다.

```
ones = np.ones([2, 4], dtype=np.float64)
ones
>>>
array([[ 1.,  1.,  1.,  1.],
       [ 1.,  1.,  1.,  1.]])
```

```
zeros = np.zeros([2, 4], dtype=np.float64)
zeros
>>>
array([[ 0.,  0.,  0.,  0.],
       [ 0.,  0.,  0.,  0.]])
```

```
empty = np.empty([2, 4], dtype=np.float64)
# 배열의 내용물이 항상 0인 것은 아니다.
empty
>>>
array([[ 0.,  0.,  0.,  0.],
       [ 0.,  0.,  0.,  0.]])
```

numpy는 배열 차원의 개수, 모양과 데이터 타입을 ndim, shape, dtype 속성에 저장한다.

```
ones.shape  # 아직 변형되지 않았다면 원래 모양을 반환한다.
>>>
(2, 4)

numbers.ndim  # len(numbers.shape)와 같다.
>>>
1

zeros.dtype
>>>
dtype('float64')
```

eye(N, M=None, k=0, dtype=np.float) 함수는 NxM차원의 단위행렬(k번째 주대각선이 모두 1이고 나머지는 0인)을 생성한다. k가 양수라면 주대각선 위로 대각선을 그린다. M을 None(기본)으로 지정한다면 M은 N과 같다.

```
eye = np.eye(3, k=1)
eye
>>>
array([[ 0.,  1.,  0.],
       [ 0.,  0.,  1.],
       [ 0.,  0.,  0.]])
```

단위행렬
대각선의 원소가 모두 1이고, 나머지 원소는 모두 0인 정사각 행렬

여러 행렬을 곱한다면 단위행렬을 행렬 곱셈 체인의 초깃값으로 사용하자.

내장 함수인 range( ) 외에도 numpy는 일정한 간격으로 배열된 배열을 만드는 더 효율적인 arange(start, stop, step, dtype=None) 함수를 제공한다.

```
np_numbers = np.arange(2, 5, 0.25)
np_numbers
>>>
array([2.  , 2.25, 2.5, 2.75, 3.  , 3.25, 3.5, 3.75, 4.  ,
       4.25, 4.5 , 4.75])
```

range() 함수와 마찬가지로 stop 값은 start보다 작을 수 있다. 하지만 이때 step은 반드시 음수여야 하며, 그 결과로 만든 배열 안의 숫자는 뒤로 갈수록 감소한다.

numpy는 배열을 만드는 시점에 아이템의 타입을 기록하지만, 타입은 변형 가능하다. astype(dtype, casting="unsafe", copy=True) 함수를 사용하면 나중에 데이터 타입을 변형할 수 있다. 하지만 타입 유형을 변형하는 과정에서 일부 정보가 유실될 수도 있는데, 이는 numpy에만 해당하는 것이 아니라 타입을 변형하는 모든 경우에 해당된다.

```
np_inumbers = np_numbers.astype(np.int)
np_inumbers
>>>
array([2, 2, 2, 2, 3, 3, 3, 3, 4, 4, 4, 4])
```

전치행렬
행렬에서 행과 열을 바꾼 행렬

대부분의 numpy 연산(다음 UNIT에서 다룰 **전치행렬** 등)은 원래 배열의 복제가 아닌 뷰를 반환할 뿐이다. 원천 데이터를 보존하려면 copy() 함수를 사용해서 배열을 복제하자. 이렇게 하면 어떤 변화를 가하더라도 원천 배열은 변형되지 않는다. 하지만 배열에 10억 개의 아이템이 있다면 복제하기 전에 다시 한 번만 더 생각해 보자.

```
np_inumbers_copy = np_inumbers.copy()
```

이제 좀 더 복잡한 연산으로 넘어가자.

행렬 전환과 형태 변형하기

역사 속 위대한 유물과 달리 numpy 배열은 돌에 새겨져 있지 않다. numpy 배열의 모양과 방향은 언제든 변할 수 있다. S&P 주식 기호로 구성된 1차원 배열을 만들어 이리저리 변형해 보자.

```
# 몇 가지 S&P 주식 기호들
sap = np.array(["MMM", "ABT", "ABBV", "ACN", "ACE", "ATVI", "ADBE", "ADT"])
sap
>>>
array('MMM', 'ABT', 'ABBV', 'ACN', 'ACE', 'ATVI', 'ADBE', 'ADT'],
    dtype='<U4')
```

reshape(d0, d1, …) 함수는 대상 배열의 모양을 바꾼다. reshape() 함수의 파라미터로 배열의 새 차원을 정의할 수 있으며, 기존 배열과 새로운 배열의 아이템 개수는 항상 동일해야 한다. numpy 나라에서도 보존의 법칙은 여전히 성립한다!

```
sap2d = sap.reshape(2, 4)
sap2d
>>>
array([['MMM', 'ABT', 'ABBV', 'ACN'],
    ['ACE', 'ATVI', 'ADBE', 'ADT']],
    dtype='<U4')

sap3d = sap.reshape(2, 2, 2)
sap3d
>>>
array([[['MMM', 'ABT'],
    ['ABBV', 'ACN']],
```

```
     [['ACE', 'ATVI'],
      ['ADBE', 'ADT']]],
     dtype='<U4')
```

행렬을 전치할 때는 굳이 함수를 호출하지 않아도 된다. 속성 T의 값은 해당 배열의 전치된 뷰다(1차원 배열에서 data.T==data이며, 2차원 배열에서는 행과 열이 뒤바뀐다).

```
sap2d.T
>>>
array([['MMM', 'ACE'],
       ['ABT', 'ATVI'],
       ['ABBV', 'ADBE'],
       ['ACN', 'ADT']],
       dtype='<U4')
```

본질적으로 속성 T는 축을 새로 레이블링해서 행렬을 보여 준다. 0번 축은 1번 축이 되고, 1번 축은 0번 축이 된다. swapaxes( ) 함수는 T의 좀 더 일반화된 버전으로 파라미터로 전달하는 2개의 축을 서로 바꿔서 다차원 배열을 전치한다. 2차원 배열에 0번과 1번 축을 파라미터로 전달하는 것은 앞서 보았던 배열을 전치하는 것과 같다.

```
sap3d.swapaxes(1, 2)
>>>
array([[['MMM', 'ABBV'],
        ['ABT', 'ACN']],

       [['ACE', 'ADBE'],
        ['ATVI', 'ADT']]],
        dtype='<U4')
```

transpose( ) 함수는 swapaxes( ) 함수보다 더 일반적이다(함수 이름 자체는 속성 T에 더 가깝지만). transpose( ) 함수는 튜플로 전달된 파라미터에 따라 다차원 배열의 일부 혹은 전체 축을 치환한다. 다음 예제에서 첫 번째 축은 '수직'으로 남아 있지만 다른 축들은 서로 뒤바뀐다.

```
sap3d.transpose((0, 2, 1))
>>>
array([[['MMM', 'ABBV'],
        ['ABT', 'ACN']],

       [['ACE', 'ADBE'],
        ['ATVI', 'ADT']]],
      dtype='<U4')
```

공교롭게도 결과는 swapaxes(1, 2)를 실행한 결과와 같다!

인덱싱과 자르기

DATA SCIENCE FOR EVERYONE

numpy 배열은 파이썬 리스트와 같은 방식의 인덱싱[i]과 슬라이싱[i:j]을 지원한다. 이외에도 numpy 배열에서는 불 인덱싱(boolean indexing)도 가능하다. 불 값으로 된 배열을 인덱스로 사용하면 대상 배열의 인덱스가 True인 아이템만 결과로 추출할 수 있다. 불 인덱싱은 오른쪽(추출)으로도 쓸 수 있고, 왼쪽(배정)으로도 쓸 수 있다.

데이터 분석을 하는 중에 의뢰인이 데이터셋 dirty에 들어 있는 데이터는 절대 음수가 될 수 없다고 전해 왔다고 하자. 즉, 음수 값은 진짜 값이 아닌 오류이며, 여러분은 이를 더 말이 되는 값(0 등)으로 바꿔야 한다. 이러한 작업을 데이터 클리닝(data cleaning)이라고 하는데, 더러운 데이터를 깨끗이 하려면 이상한 값을 찾아내어 합리적인 대안으로 교체해야 한다.

```
dirty = np.array([9, 4, 1, -0.01, -0.02, -0.001])
whos_dirty = dirty < 0 # 불 배열을 불 인덱스로 사용한다.
whos_dirty
>>>
array([False, False, False, True, True, True], dtype=bool)

dirty[whos_dirty] = 0 # 모든 음수 값을 0으로 바꾼다.
dirty
>>>
array([9, 4, 1, 0, 0, 0])
```

논리 연산자
논리 연산을 나타내
는 기호. 예를 들어
AND, OR, NOT 등

논리 연산자인 |(or)과 &(and), -(not)을 사용해서 여러 불 표현을 결합할 수 있다. 다음 리스트에서 -0.5와 0.5 사이에 위치한 아이템은 무엇인가? numpy에 물어보자!

```
linear = np.arange(-1, 1.1, 0.2)
(linear <= 0.5) & (linear >= -0.5)
>>>
array([False, False, False, True, True, True, True, True, False,
        False, False], dtype=bool)
```

관계형 연산자와 불 연산자

관계형 연산자(<나 == 같은)는 numpy 배열에 불 연산을 수행하는 &, |, !인 비트 단위 연산자
보다 처리 순위가 떨어진다. 이는 굉장히 헷갈리는데, '일반적인' 파이썬 불 연산자인 or, and,
not은 관계형 연산자보다 처리 순위가 떨어지기 때문이다. 따라서 배열 비교에 괄호를 씌워
numpy가 이를 먼저 처리하게 해야 한다.

numpy 배열의 또 다른 멋진 기능으로 '스마트' 인덱싱과 '스마트' 슬라이싱이 있
다. 여기서 인덱스는 스칼라 값이 아닌 인덱스로 구성된 배열이나 리스트가 된
다. 추출 결과는 인덱스에서 참조된 아이템의 배열이다. S&P 리스트에서 두 번
째, 세 번째, 마지막 주식 기호를 추출해 보자(이것이 바로 '스마트' 인덱싱이다).

```
sap[[1, 2, -1]]
>>>
array(['ABT', 'BBV', 'ADT'],
      dtype='<U4')
```

이번에는 변형된 배열에서 중간 열에 있는 모든 행을 뽑아 보자('스마트' 슬라이
싱이다). 두 가지 방법으로 할 수 있다.

```
sap2d[:, [1]]
>>>
array([['ABT'],
       ['ATVI']],
      dtype='<U4')
```

```
sap2d[:, 1]
>>>
array(['ABT', 'ATVI'],
      dtype='<U4')
```

파이썬은 비슷하게 보이는 다양한 문제 해결 도구를 주고, 잘못된 선택을 했을 때 가차 없는 것으로 유명하다. 앞의 예제에서 보았던 두 가지 추출 방법을 비교해 보자. 첫 번째 추출 결과는 2차원 행렬이다. 두 번째 추출 결과는 1차원 배열이다. 무엇을 추출하려고 했는지에 따라 두 결과 중 하나는 원치 않는 결과가 된다. 추출할 때는 여러분이 의도한 결과를 얻었는지 꼭 확인하자.

UNIT 24 브로드캐스팅

DATA SCIENCE FOR EVERYONE

차원만 같다면 numpy 배열은 다른 배열과 벡터화된 사칙 연산이 가능하다. numpy를 사용하지 않고 두 배열을 각 요소끼리 더하려면 for 루프나 리스트 내포를 사용해야만 한다. numpy에서는 그냥 더하기만 하면 된다.

```
a = np.arange(4)
b = np.arange(1, 5)
a+b
>>>
array([1, 3, 5, 7])
```

배열에서 벡터 연산을 브로드캐스팅이라고 한다. 2차원 브로드캐스팅은 두 배열의 모양이 같거나 둘 중 하나가 스칼라 값(다음 예제처럼)이면 가능하다.

```
a*5
>>>
array([0, 5, 10, 15])
```

더 많게 vs. 더 크게

별 연산자(*)는 파이썬과 numpy에서 다르게 작용한다. 파이썬의 기본 표현식에서 seq * 5는 리스트 seq를 다섯 번 복제한다. 같은 numpy 표현식은 seq 배열의 모든 엘리먼트에 5를 곱한다.

대각행렬

왼쪽 위에서 오른쪽 아래로 향하는 대각 선의 원소 외에는 모 두 0인 정사각 행렬

배열과 스칼라에 서로 다른 사칙 연산을 조합해서 적용할 수 있다. **대각행렬**을 하나 만들고 약간의 잡음(랜덤은 아닌)을 넣어 보자.

```
noise = np.eye(4) + 0.01 * np.ones((4, ))
noise
>>>
array([[ 1.01,  0.01,  0.01,  0.01],
       [ 0.01,  1.01,  0.01,  0.01],
       [ 0.01,  0.01,  1.01,  0.01],
       [ 0.01,  0.01,  0.01,  1.01]])
```

그런데 작으면서도 랜덤인 잡음을 만들고 싶다면 어떻게 할까? 'UNIT 47. 파이 썬으로 통계 분석하기'에서 난수 생성기를 자세히 다룰 것이므로 여기서는 간략 히 살펴보자.

```
noise = np.eye(4) + 0.01 * np.random.random([4, 4])
np.round(noise, 2)
>>>
array([[ 1.01,  0.  ,  0.01,  0.  ],
       [ 0.01,  1.01,  0.  ,  0.01],
       [ 0.  ,  0.  ,  1.  ,  0.  ],
       [ 0.  ,  0.  ,  0.01,  1.  ]])
```

여기서는 유니버셜(universal) 함수인 round( )를 사용해서 행렬을 반올림했는데, 함수를 단 한 번만 호출해서 모든 아이템을 처리했다! 다음 UNIT에서 우리는 ufunc 마법사가 되어 볼 것이다.

난수

정의된 범위 안에서 무작위로 추출된 수

앞의 코드를 여러 번 돌리면 돌릴 때마다 다른 결과가 나오는데 **난수**는 랜덤이기 때문이다!

시각적인 현실세계, 잡음, 사인파(sine wave) 스타일의 신호 생성은 'UNIT 30. 합성 사인파 만들기'에서 더 자세히 알아보자.

유니버셜 함수 파헤치기

DATA SCIENCE FOR EVERYONE

벡터화된 유니버셜 함수(ufunc)는 브로드캐스팅의 함수형 버전이다. ufunc를 사용하면 함수를 한 번 불러서 배열의 모든 아이템에 적용할 수 있다. numpy는 다양한 ufunc를 제공하는데, 그 일부는 다음과 같다.

- 사칙 연산 : add( ), multiply( ), negative( ), exp( ), log( ), sqrt( )
- **삼각 함수** : sin( ), cos( ), hypot( )
- 비트 단위 : bitwise_and( ), left_shift( )
- 관계형, 논리 : less( ), logical_not( ), equal( )
- maximum( )과 minimum( )
- 부동소수점에 적용할 수 있는 함수 : isinf( ), infinite( ), floor( ), isnan( )

삼각 함수
각에 대한 함수로 삼각형의 각과 변의 길이를 연관시킨 것. 각에 따라 사인, 코사인, 탄젠트 함수 등 값을 나타냄

2016년 1월 10일을 기준으로 전후 주식 8개의 가격을 기록해 다음과 같이 1차원 배열인 stocks에 기록했다.

```
stocks = np.array([140.49,    0.97,   40.68, 41.53, 55.7 , 57.21, 98.2 ,
                    99.19, 109.96, 111.47, 35.71, 36.27, 87.85, 89.11,
                    30.22,  30.91])
stocks
>>>
array([ 140.49,    0.97,    40.68,    41.53,    55.7 ,    57.21,    98.2 ,
         99.19, 109.96,  111.47,    35.71,    36.27,    87.85,    89.11,
         30.22,   30.91])
```

주말 동안 어떤 주식의 가격이 떨어졌는지 알아보자. 먼저 가격을 주식 기호로 묶고, 기준 시점 전 그룹과 후 그룹으로 나열해서 2×8 행렬로 만든다.

```
stocks = stocks.reshape(8, 2).T
stocks
>>>
array([[ 140.49,   40.68,   55.7 ,   98.2 ,  109.96,   35.71,   87.85,
          30.22],
       [   0.97,   41.53,   57.21,   99.19,  111.47,   36.27,   89.11,
          30.91]])
```

그리고 이제 greater( ) 함수를 각 행에 적용하고, 열별로 가격을 비교한 후 불 인덱싱을 사용해서 우리가 원하는 결과를 찾아보자.

```
fall = np.greater(stocks[0], stocks[1])
fall
>>>
array([True, False, False, False, False, False, False, False], dtype=bool)

sap[fall]
>>>
array(['MMM'],
      dtype='<U4')
```

폰지 사기
신규 투자자의 돈으로 기존 투자자에게 이자나 배당금을 지급하는 방식의 다단계 금융 사기

공교롭게도 MMM은 폰지 사기에 연루된 러시아 회사로 어떤 증권 거래소에도 등록된 적이 없다. 그 주식 가격이 떨어진 것은 놀랄 만한 일이 아니다.

'전통적인' 숫자 외에도 numpy는 IEEE 754 부동소수점 기준을 모두 지원하며, 양수 무한대(inf)와 non(not-a-number) 기호를 제공한다. 이들은 numpy 영역 밖에서 float("inf")와 float("nan")으로 존재한다. 데이터 과학 전통에 따라서 우리는 **결측치**('UNIT 01. 데이터 분석 과정'에서 소개)를 위한 플레이스 홀더로 nan을 쓸 것이다.

결측치
항목 값이 존재하지 않는 것

유니버셜 함수인 isnan( )은 결측치를 찾는 훌륭한 도구다. 다음 예제에서 결측치를 0으로 바꾸는 것은 별로 좋은 생각이 아니지만, 'UNIT 23. 인덱싱과 자르기'에서도 한 적이 있으니 한 번 더 해보자.

```
# 새 MMM 주식 가격이 결측치라고 가정해 보자.
stocks[1, 0] = np.nan
np.isnan(stocks)
>>>
array([[False, False, False, False, False, False, False, False],
       [ True, False, False, False, False, False, False, False]],
      dtype=bool)

# 결측치를 수정해 보자. 이보다 더 나쁠 수는 없다.
stocks[np.isnan(stocks)] = 0
stocks
>>>
array([[ 140.49,   40.68,   55.7 ,   98.2 ,  109.96,   35.71,   87.85,
          30.22],
       [   0.  ,   41.53,   57.21,   99.19,  111.47,   36.27,   89.11,
          30.91]])
```

유니버셜 함수는 파이썬의 사칙 연산과 관계형 연산자의 가능성을 넓힌다. 조건부 함수는 강력한 파이썬의 논리 연산자다.

UNIT 26 조건부 함수 이해하기

DATA SCIENCE FOR EVERYONE

where(c, a, b) 함수는 numpy의 삼항 연산자(if~else)다. where() 함수는 불배열(c)과 두 배열(a와 b)을 파라미터로 받고 d[i] = a[i] if c[i] else b[i]를 반환한다. 이 배열은 모두 모양이 같아야 한다.

any()와 all() 함수는 각각 일부 혹은 모든 배열의 엘리먼트가 True라면 True를 반환한다.

nonzero() 함수는 0이 아닌 모든 엘리먼트의 인덱스를 반환한다.

'UNIT 25. 유니버셜 함수 파헤치기'에서 우리는 S&P 주식 가격을 stocks 배열에 기록했다. 어느 주식의 가격이 눈에 띄게(주당 1.00달러 이상) 변화했는지 알아보려면 '작은' 가격 변동을 0으로 바꾸고, 0이 아닌 엘리먼트를 찾은 후 주식 기호 배열에서 그들의 인덱스를 '스마트 인덱스'로 사용해 보자.

```
changes = np.where(np.abs(stocks[1] - stocks[0]) > 1.00,
                   stocks[1] - stocks[0], 0)
changes
>>>
array([-140.49,    0.  ,    1.51,    0.  ,    1.51,    0.  ,    1.26,    0.  ])


# UNIT 22에서 sap에 주식 기호를 할당해 두었다.
sap[np.nonzero(changes)]
>>>
array(['MMM', 'ABBV', 'ACE', 'ADBE'],
      dtype='<U4')
```

불 인덱스만 사용해도 여러분은 같은 결과를 얻을 수 있다.

```
sap[np.abs(stocks[1] - stocks[0]) > 1.00]
>>>
array(['MMM', 'ABBV', 'ACE', 'ADBE'],
      dtype='<U4')
```

하지만 그전만큼 재미있지는 않다!

UNIT 27 배열 집계와 정렬하기

DATA SCIENCE FOR EVERYONE

데이터 정렬과 집계는 데이터 과학의 핵심이다. 여러분은 대용량 데이터로 시작해서 이를 구간화하거나 평균을 계산하고 누적하는 등의 방식으로 점진적으로 가공해 결과적으로 작고 쉽게 표현하고 이해할 수 있는 데이터셋을 만든다. numpy는 numpy 배열의 집계 값을 반환하는 mean(), sum(), std()(표준편차), min(), max() 함수를 제공한다.

브로드캐스팅, 집계 함수, 유니버셜 함수, 불 인덱스를 조합해서 'UNIT 25. 유니버셜 함수 파헤치기'에서 사용한 주식 중 전체 8개 주식의 평균적인 수준보다 크게 변화한 주식들을 추출해 보자.

```
sap[          np.abs(stocks[0] - stocks[1])
    > np.mean(np.abs(stocks[0] - stocks[1]))]
>>>
array(['MMM'],
      dtype='<U4')
```

그런데 솔직히 말해 양수와 음수인 주식 가격 변동폭을 섞어서 사용하는 것은 별로 좋은 생각이 아니다.

cumsum(x)와 cumprod(x) 함수는 누적 합($cumsum_i = \Sigma_1^i x_i$)과 곱($cumprod_i = \Pi_1^i x_i$)을 계산한다. 여러분은 이 함수들을 간단한 버전의 덧셈 적분기(단리 이자 비용)와 곱셈 적분기(복리 이자 비용)로 사용할 수 있다(배열의 엘리먼트가 0이라면 그에 해당하는 cumprod() 엘리먼트와 뒤에 따르는 엘리먼트 역시 0이 된다).

이자율이 3.75%일 때 30년 후 단리와 복리 이자 비용을 비교해 보자. numpy 코드 2줄과 약간의 플로팅 코드만 넣어 주면 된다.

```
# 다음은 코드의 일부다.
RATE = .0375
TERM = 30
simple =   (    RATE  * np.ones(TERM)).cumsum()
compound = ((1 + RATE) * np.ones(TERM)).cumprod() - 1
```

그림 5-1

interest.py 실행 결과

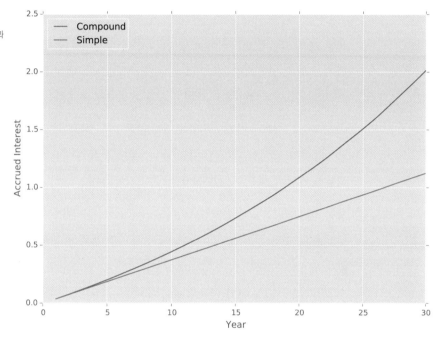

sort( ) 함수는 이 모듈에서 가장 재미없는 부분일지도 모르겠다. 이 함수는 배열을 그 자리에서 정렬하고(원래 배열의 순서를 바꾼다) None을 반환한다. 원래 배열을 유지하고 싶다면 정렬하기 전에 복사본을 만들어 두자.

배열을 셋처럼 다루기

어떤 경우에는 배열 구성이 배열 안 아이템의 순서보다 더 중요하다. 특정 아이템이 배열에 들어 있는지, 배열에 어떤 타입의 아이템이 들어 있는지 정보가 필요하다. numpy는 배열을 수학적 집합으로 어떻게 처리해야 할지 알고 있다.

unique(x) 함수는 배열 x의 중복되지 않는 모든 엘리먼트로 구성된 새로운 배열을 반환한다. 이 함수는 ('UNIT 07. 카운터로 세기'에서 다룬) Counter 모듈의 훌륭한 대안이지만, 빈도를 실제로 세지는 않는다.

뉴클레오티드
염기, 당, 인산 세 가지로 구성된 화학전 단량체. DNA의 기본 구성 단위

모두 잘 알고 있듯이 생물정보학(bioinformatics)은 데이터 과학 이래로 가장 각광받는 분야다. 생물정보학에서는 유전자 염기서열을 분석해 DNA 뉴클레오티드의 순서를 파악한다. 우리도 생물정보학을 한 번 흉내를 내 보자. 랜덤하게 생성된 DNA 파편에 어떤 종류의 뉴클레오티드가 들어 있을까?

```
dna = "AGTCCGCGAATACAGGCTCGGT"
dna_as_array = np.array(list(dna))
dna_as_array
>>>
array(['A', 'G', 'T', 'C', 'C', 'G', 'C', 'G', 'A', 'A', 'T', 'A', 'C',
       'A', 'G', 'G', 'C', 'T', 'C', 'G', 'G', 'T'],
    dtype='<U1')


np.unique(dna_as_array)
>>>
array(['A', 'C', 'G', 'T'],
    dtype='<U1')
```

in1d(needle, haystack) 함수는 needle의 엘리먼트가 haystack 안에 존재하는지 여부를 불 배열로 반환한다. needle과 haystack 배열은 모양이 같지 않아도 된다.

```
np.in1d(["MSFT", "MMM", "AAPL"], sap)
>>>
array([False,  True, False], dtype=bool)
```

합집합
집합 A와 집합 B의
원소를 모두 합한
집합

교집합
집합 A와 집합 B에
동시에 속하는 원소
의 집합

union1d()와 intersect1d() 함수는 두 1차원 배열의 이론적인 합집합과 교집합을 계산한다. 이들 배열 역시 모양이 같지 않아도 된다. 여러분은 numpy 함수 대신에 네이티브 파이썬 셋 연산자인 &과 |를 그대로 쓰고 싶을지도 모르겠다. 그들은 numpy 함수보다 2배 정도 더 빠르다!

UNIT 29 배열 저장하고 읽기

DATA SCIENCE FOR EVERYONE

여러분은 앞으로 numpy를 그 자체로만 사용하기보다는 pandas나 networkx, 머신 러닝 도구의 강력한 백엔드로써 사용하게 될 것이다. 로우 레벨(low level)의 데이터 프로세싱 도구를 사용해 획득한 데이터에서 numpy 배열을 만들고, 이를 고차원 분석 도구로 전달해 보자. 이 과정에서 numpy 배열을 직접적으로 저장하거나 읽어 올 일은 별로 없을 것이다.

그렇기는 하지만 numpy는 .npy 파일에 배열을 저장(save(file, arr))하고 .npy 파일에서 저장한 배열을 읽어 오는(load(file)) 내장된 기능을 갖추고 있다. 이 파일들은 바이너리 포맷으로 되어 있으며, 오직 numpy만이 다룰 수 있다.

이들 함수는 둘 다 자주 사용하지는 않지만, 편리하기는 하다. 파라미터인 file은 오픈 파일 핸들이나 파일명 문자를 모두 인식하며, file에 .npy 확장자가 붙지 않았어도 numpy가 이를 자동으로 붙여 준다.

```
# 배열을 복사하는 어리석은 방법
np.save("sap.npy", sap)
sap_copy = np.load("sap")
```

또 다른 함수 쌍인 loadtxt()와 savetxt()는 각각 텍스트 파일에서 테이블형 데이터를 불러오고, 배열을 텍스트 파일에 저장한다. numpy는 필요하다면 파일을 자동으로 생성하고 연다. 심지어 파일이 .gz로 되어 있다면 자동으로 압축하거나 압축을 풀기도 한다. 여러분은 numpy가 주석 처리된 줄과 구분자를 다루고 원치 않는 행을 스킵하는 방식을 조정할 수 있다.

합성 사인파 만들기

DATA SCIENCE FOR EVERYONE

데이터 과학자가 자주 하는 일은 아니지만, 인위적으로 사인(sine) 곡선을 만들어 numpy를 처음 들어 보는 친구들을 놀라게 해보자. 합성 사인 곡선은 주기적인 신호(signal)를 의미하며, 음역이 한정되어 있다면 저렴하고 시끄러운 악기로도 쉽게 만들 수 있다. 신호의 실제 출처나 악기 속성은 별로 중요하지 않다. 그것은 전기 콘센트에 꽂은 전압계라든지, 지난 일요일 밤에 마당 잔디 위에 두었다가 금요일에서야 확인한 야외용 디지털 온도계, 주식 시장의 가격 시세에서도 찾아볼 수 있다(여하튼 합성 사인 곡선으로 친구들을 놀라게 하는 것 말고도 새로운 디지털 신호 처리 알고리즘을 테스트할 수 있다).

가우시안 잡음

가우시안(평균을 중심으로 좌우 대칭인 종 모양) 히스토그램 형태의 잡음

이를 생성하는 코드는 다음과 같다. 코드 중간에 밑줄 그은 부분에서 numpy의 장점인 벡터 연산이 빛을 발한다. 연속적인 정수로 구성된 배열을 만들고는 이를 부동소수점 형태로 전환한다. 또 신호 길이를 맞추고, 사인 값을 추출하고, 확대하고 이동한 후 가우시안(Gaussian) 잡음(214쪽 '정규 분포' 참고)을 더하고, 한정된 음역의 악기에서 뽑은 것처럼 결과를 알맞게 자른다.

numpy_sinewave. py

```python
# 필요한 라이브러리를 불러온다.
import numpy as np
import matplotlib.pyplot as plt
import matplotlib

# 신호, 잡음, '악기' 정보를 상수로 정의한다.
SIG_AMPLITUDE = 10; SIG_OFFSET = 2; SIG_PERIOD = 100
NOISE_AMPLITUDE = 3
N_SAMPLES = 5 * SIG_PERIOD
INSTRUMENT_RANGE = 9
```

```
# 사인 곡선을 구성하고 잡음을 섞어 넣는다.
times = np.arange(N_SAMPLES).astype(float)
signal = SIG_AMPLITUDE * np.sin(2 * np.pi * times / SIG_PERIOD)
        + SIG_OFFSET
noise = NOISE_AMPLITUDE * np.random.normal(size=N_SAMPLES)
signal += noise

# 음역대를 벗어난 스파이크를 제거한다.
signal[signal > INSTRUMENT_RANGE] = INSTRUMENT_RANGE
signal[signal < -INSTRUMENT_RANGE] = -INSTRUMENT_RANGE

# 결과를 플롯(plot)으로 시각화한다.
matplotlib.style.use("ggplot")
plt.plot(times, signal)
plt.title("Synthetic sine wave signal")
plt.xlabel("Time")
plt.ylabel("Signal + noise")
plt.ylim(ymin = -SIG_AMPLITUDE, ymax = SIG_AMPLITUDE)

# 플롯을 저장한다.[1]
plt.savefig("signal.pdf")
```

밑줄이 없는 나머지 코드에서는 Matplotlib을 사용해 신호를 쉽게 시각화했다.

---

1 [역주] signal.pdf 파일을 생성할 위치를 설정합니다. 기본적으로 예제 파일이 들어 있는 실행 폴더에 생성합니다.

그림 5-2

numpy_sinewave.
py 실행 결과

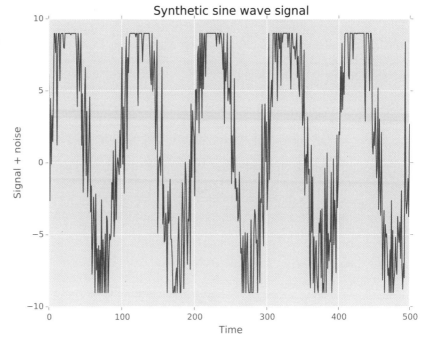

numpy의 자매 패키지인 Matplotlib은 '8장. 플로팅하기'에서 더 자세히 다룰 것
이다.

적분
함수 계산법으로 얇게 썬 것을 다시 쌓아서 서로 합치는 것

편미분
다변수 함수의 특정 변수를 제외한 나머지 변수를 상수로 인식해 미분하는 것

여러분에게 numpy가 훌륭한 수치 연산 도구라는 것을 충분히 전달했기를 바란다. numpy는 벡터와 행렬을 일류 시민으로 취급해 벡터화된 사칙 연산, 논리 연산 등 다양한 연산 방식을 제공하고, 데이터 형태 변환, 정렬 및 취합 기능을 지원한다. 심지어 nan이라는 이상한 이름이 붙은 녀석도 포함하는데, 이는 숫자가 아닌 숫자를 표현한다. 다음과 같은 복잡한 수치 연산 프로젝트를 numpy로 구현해 보자.

미분
적분의 반대말. 말 그대로 미세하게 쪼개는 것으로 순간변화율

★☆☆ 배열 미분

부분합(partial sums)은 **적분**(integral)과 거의 같다. 미적분에서는 더 이상 쪼갤 수 없는 원소의 무한한 합으로 적분을 정의한다. 그리고 **편미분**(partial differences)은 **미분**(derivatives)과 거의 같다. numpy는 배열의 편미분 계산을 지원하지 않는다. arr 배열이 주어졌을 때 배열 요소들의 편미분을 계산하는 프로그램을 만들어 보자. 배열은 숫자형으로 되어 있다고 가정한다.

★★☆ 고등교육기관 위치 검색기

https://www.data.gov/education에서 미국 고등교육 데이터셋 CSV 파일을 내려받자. 전체 고등교육기관의 평균 경도와 위도에서 가장 가까운 위치에 있는 10개 기관을 추출하는 프로그램을 만들어 보자. 기관 간 거리의 단위는 각도(degree)로 한다. 최대한 numpy를 사용해서 데이터를 저장하고 처리해 보자. CSV 파일의 첫 번째 행은 각 칼럼의 이름이며, 파일에 포함된 일부 데이터는 사용에 적절하지 않을 수 있다.

★★☆ 주간 유사도 계산기

미국 통계청은 주(state) 간 인구 이동 요약 정보를 제공한다(goo.gl/OlMKxf에서 최신 XLS 파일을 내려받아 엑셀이나 OpenOffice Calc로 연 후 CSV 파일로 내보내 저장한다). 인구 이동 관점에서 가장 유사한 주 쌍(pairs)을 추출하는 프로그램을 구현해 보자. P_X가 도시 X에서 이동한 전체 인구를, N은 해당 주를 제외한 전체 주의 개수를 의미한다. P_X/N보다 많은 수의 사람이 도시 X에서 도시 Y로 이동했다면 도시 X와 도시 Y는 유사하다고 판정한다. numpy를 최대한 활용해서 데이터를 처리하고 가공해 보자. 가장 유사한 도시 쌍들은 같은 연안에 위치하는가?

6장

데이터 시리즈와
프레임 다루기

내가 본 것 중 파리의 갤러리가 단연코 최고의 액자들을
소유하고 있다.

– 험프리 데이비(Humphry Davy), 콘월의 화학자이자 발명가

데이터 과학자는 전통적으로 테이블형 데이터(배열, 벡터(vector), 행렬(matrix))를 선호한다. 테이블형 데이터는 잘 정돈되어 있어 사용자가 아주 편리하게 각 요소나 행, 열에 접근할 수 있다. 슈퍼컴퓨터나 다양한 최신 개인용 컴퓨터는 모든 테이블형 데이터에 한 번에 적용할 수 있는 벡터화된 사칙 연산을 지원한다('UNIT 24. 브로드캐스팅'에서 numpy로 구현하는 방법을 살펴보았다). 그러나 numpy는 수치형 데이터를 행과 열, 인덱스 같은 데이터 속성과 엮지는 못한다. 레퍼런스가 없다는 단점은 둘 이상의 numpy 배열로 구성된 데이터셋을 다룰 때 큰 어려움으로 다가온다.

pandas로 이러한 어려움을 해결할 수 있다.

pandas 모듈의 존재 목적은 라이벌인 R 언어(데이터 과학의 원래 언어)의 핵심인 데이터 시리즈(data series)와 프레임을 파이썬에 추가하는 것이다. pandas는 numpy 위에 구현되어 있으며, 그 기능을 폭넓게 확장하고 일부는 재구현한다.

pandas 데이터 프레임은 본질적으로 사용하기 편리한 스프레드시트로 열(변수)과 행(관측치)으로 구성된 테이블이며, 내장 함수가 다양하다(시리즈는 1개의 열만 있는 프레임을 말한다). 테이블의 데이터 파트(셀)는 numpy 배열로 구현되어 있다. pandas에서 제공하는 많은 함수(데이터 차원 변환, 집계, 유니버셜 함수 등)는 numpy의 항목과 많이 닮았다. 행과 열 레이블은 개별 행과 열에 편리하고 실용적인 접근을 제공한다. 더 나아가 레이블이 붙은 행과 열 덕분에 pandas 프로그래머들(우리들)이 데이터 프레임을 결합하거나 수직으로 쌓거나 수평으로 붙일 수 있다. 이러한 관점에서 데이터 프레임은 관계형 데이터베이스와 유사하게 작동한다(관계형 데이터베이스가 잘 기억나지 않는다면 '4장. 데이터베이스 다루기'로 되돌아가자).

마지막으로 pandas는 파이썬 기반 플로팅 및 데이터 시각화 시스템인 pyplot과도 잘 통합한다. pyplot은 'UNIT 41. pyplot으로 기본 플롯 그리기'에서 더 자세히 다룰 것이다. 솔직히 pandas는 데이터 과학의 전부라고도 할 수 있다. 물론 다른 도구도 마찬가지이지만 말이다.

이 장에서 우리는 두 pandas 컨테이너를 사용해서 pandas로 여행을 시작할 것이다. 다음 UNIT에서 시리즈와 데이터 프레임을 알아보자.

UNIT 31

Pandas 데이터 구조에 익숙해지기

DATA SCIENCE FOR EVERYONE

파이썬의 데이터 구조 셋은 이미 잘 갖추어져 있지만, pandas 모듈은 여기에 두 가지 새로운 컨테이너인 Series와 DataFrame을 추가한다. 시리즈(series)는 레이블이 붙은(혹은 인덱스 처리된) 1차원 벡터다. 프레임(frame)은 레이블이 붙은 행과 열로 구성된 테이블이지만 엑셀 스프레드시트나 MySQL 테이블과는 다르다. 프레임의 각 열은 시리즈다. 몇 가지 예외를 제외하면 pandas는 프레임을 시리즈와 유사하게 취급한다.

프레임과 시리즈는 단순한 저장용 컨테이너가 아니다. 이들은 다음과 같이 다양한 데이터 전처리 함수를 갖추고 있다.

- 단순 혹은 계층적 인덱싱
- 결측치 처리
- 전체 열과 테이블에서 사칙 · 논리 연산
- 데이터베이스–타입 연산(결합이나 집계 등)
- 단일 열이나 전체 테이블 시각화
- 파일에서 데이터 읽고 쓰기

1차원이나 2차원 테이블형 데이터를 다룰 때는 프레임과 시리즈를 사용하면 좋다. 사용하지 않고 그냥 지나치기에 이들은 굉장히 편리하다.

1 시리즈

시리즈는 1차원 데이터 벡터다. numpy 배열('UNIT 21. 배열 만들기'에서 자세히 다루었다)처럼 시리즈에 속한 모든 엘리먼트는 하나의 데이터 타입에 속해야 한다.

리스트, 튜플, 배열 등 시퀀스에서 간단한 시리즈를 만들 수 있다. 최근 미국 인플레이션 데이터가 들어 있는 튜플로 pandas 데이터 시리즈를 만들어 보자. 한 가지 부연 설명을 하자면, 미리 산출한 인플레이션 데이터를 튜플에 넣어 두었는데 알다시피 튜플의 데이터는 변형할 수 없다. 이외에 다음 예제를 이해하는 데 경제학이나 재무학과 관련된 어떤 고급 지식도 필요하지 않다.

```python
import pandas as pd
# 마지막 값이 잘못되었다. 잠시 후에 이를 수정해 보자.
inflation = pd.Series((2.2, 3.4, 2.8, 1.6, 2.3, 2.7, 3.4, 3.2, 2.8, 3.8,
                      -0.4, 1.6, 3.2, 2.1, 1.5, 1.5))

inflation
>>>
0    2.2
1    3.4
2    2.8
3    1.6
4    2.3
5    2.7
6    3.4
7    3.2
8    2.8
9    3.8
10  -0.4
11   1.6
12   3.2
13   2.1
14   1.5
15   1.5
dtype: float64
```

내장 함수인 len( )은 파이썬에서 제공하는 것으로 어디에나 쓸 수 있는 줄자다. len( ) 함수는 시리즈에도 적용할 수 있다.

```
len(inflation)
>>>
16
```

1개의 시리즈, 2개의 시리즈, 3개의 시리즈……
시리즈라는 단어는 단수이자 복수다. 그 어원은 라틴어인 serere인데, 이는 결합(join)이나 연결(connect)을 의미한다.

방금 만든 것과 같은 간단한 시리즈는 정수형 인덱스가 기본 값이다. 첫 번째 아이템의 레이블은 0, 두 번째는 아이템의 레이블은 1…… 식으로 증가한다. 시리즈의 value 속성 값(attribute)은 시리즈 안의 모든 값 리스트다. index 속성 값은 시리즈의 인덱스를 의미한다(인덱스는 또 다른 pandas 데이터 타입이다). 그리고 index.values 속성 값은 모든 index 값의 배열이다.

```
inflation.values
>>>
array([ 2.2,  3.4,  2.8,  1.6,  2.3,  2.7,  3.4,  3.2,  2.8, 3.8, -0.4,
        1.6,  3.2,  2.1,  1.5,  1.5])
```

```
inflation.index
>>>
RangeIndex(start=0, stop=16, step=1)
```

```
inflation.index.values
>>>
array([0, 1, 2, 3, 4, 5, 6, 7, 8, 9, 10, 11, 12, 13, 14, 15])
```

pandas가 이미 만든 것을 또 만들지 않고 numpy 배열을 저장공간으로 사용하는 것을 기억하자!

조금 놀라운 점은 이 배열(그리고 이것이 표현하는 시리즈 속성 값)을 변형 가능하다는 것이다. values, index, index.values 값을 바꾸면 시리즈 값과 인덱스가 바뀐다. 이러한 특징을 활용해서 시리즈의 마지막 인플레이션 값을 수정해 보자.

```
inflation.values[-1] = 1.6
```

시리즈가 가진 문제점은 그것이 배열처럼 보이고, 배열처럼 행동한다는 것이다. 예를 들어 앞서 만든 시리즈의 첫 번째 인플레이션 값이 몇 년도 자료인지 파악하기가 쉽지 않다. 연도 정보를 담은 시리즈를 하나 더 만들어서 2개의 시리즈를 동시에 사용할 수도 있으나, 편리한 방법은 아니다. 자, 그러면 딕셔너리를 Series 생성자로 넘겨서 커스터마이즈된 인덱스가 붙은 시리즈를 만들어 보자. 딕셔너리의 키는 시리즈 인덱스가 되는데, 인덱스는 시리즈에서 분리할 수 없다.

다음과 같이 inflation을 만들어 보자. 전체 코드는 내려받은 inflation.txt 파일에 있다.

```
inflation = pd.Series({1999 : 2.2, ≪…생략…≫, 2014 : 1.6, 2015 : np.nan})
inflation
>>>
1999    2.2
≪…생략…≫
2014    1.6
2015    NaN
```

다른 방법은 시퀀스에서 새로운 인덱스를 생성하고 이를 기존의 시리즈에 붙이는 것이다.

```
inflation = pd.Series((2.2, 3.4, 2.8, 1.6, 2.3, 2.7, 3.4, 3.2, 2.8, 3.8,
                       -0.4, 1.6, 3.2, 2.1, 1.6, 1.5))
inflation.index = pd.Index(range(1999, 2015))
inflation[2015] = numpy.nan
```

```
>>>
1999    2.2
≪…생략…≫
2014    1.6
2015    NaN
```

시리즈 값과 인덱스는 이름을 가질 수 있는데, 이는 'name' 속성 값으로 접근하고 할당하면 된다. 이름은 본질적으로 시리즈와 인덱스의 특징을 우리(그리고 미래의 독자)에게 알려 주는 기록이다.

```
inflation.index.name = "Year"
inflation.name = "%"
inflation
>>>
Year
1999    2.2
≪…생략…≫
2014    1.6
2015    NaN
Name: %, dtype: float64
```

전체 시리즈를 살펴보려면 이를 출력하거나 인터랙티브 모드의 명령줄에서 시리즈 이름을 입력하면 된다. 혹은 head( )나 tail( ) 함수를 호출해서 첫 번째 혹은 마지막 5개의 행을 확인한다.

```
inflation.head( )
>>>
Year
1999    2.2
2000    3.4
2001    2.8
2002    1.6
2003    2.3
Name: %, dtype: float64
```

```
inflation.tail()
>>>
Year
2011    3.2
2012    2.1
2013    1.5
2014    1.6
2015    NaN
Name: %, dtype: float64
```

그림 6-1처럼 시각적인 결과를 원한다면 head( )와 tail( ) 함수를 사용하자(적절한 플로팅 도구는 '8장. 플로팅하기'에서 더 자세히 알아볼 것이다).

시리즈는 단일 변수의 관측 값을 기록하기에 매우 적합하다. 하지만 데이터셋에는 보통 하나 이상의 변수가 있다. 바로 이러한 상황에서 프레임이 필요하다.

2 프레임

데이터 프레임(data frame)은 레이블이 붙은 행과 열로 구성된 테이블이다. 데이터 프레임은 2차원 numpy 배열, 튜플로 구성된 리스트, 파이썬 딕셔너리와 또 다른 데이터 프레임으로 생성할 수 있다.

딕셔너리의 키(key)는 열 이름이 되고, 값(반드시 시퀀스이어야 한다)은 열을 구성하는 값이 된다. 데이터 프레임을 사용할 때는 pandas가 기존 데이터 프레임에서 새로운 데이터 프레임으로 열 이름을 복사한다. 배열을 사용해서 데이터 프레임을 생성할 때는 옵셔널 파라미터 columns를 사용해 열 이름으로 된 시퀀스를 전달할 수 있다. numpy의 접근 방식에 따라서 데이터 프레임 인덱스는 0번째 축(수직)이고, 열은 1번째 축(수평)이다.

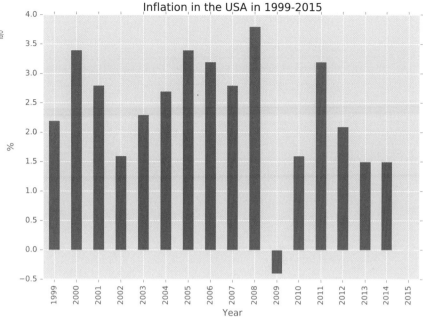

그림 6-1

연도별 미국 물가상승률을
나타낸 그래프

미국 국립 알코올 남용 및 중독 연구소(NIAAA)[1]에서 발표한 2011년 실태조사
보고서를 사용해서 데이터 프레임을 더 자세히 알아보자. 이 보고서는 주(state)
별, 카테고리(맥주, 와인, 스피릿)별, 연도별(1977~2009) 1인당 알코올 소비 데
이터를 다룬다.

NIAAA 리포트

NIAAA 리포트는 굉장히 귀한 데이터를 많이 담고 있는데, 여러분이 더 탐구할 수 있도록 전처
리된 형태의 데이터를 올려 두었다. 하지만 기억하자. 음주 데이터 분석은 위험하다!

튜플로 구성된 리스트나 길이가 같은 여러 시퀀스를 생성자에 전달해서 열 이
름과 인덱스를 갖춘 간단한 데이터 프레임을 만들 수 있다(여기서는 'UNIT 37.
Pandas 파일 입출력 다루기'에서 다룰 pandas의 CSV 리더를 사용해 alco 데이
터 프레임을 만들고, 1년치 데이터를 추출해서 niaaa-report2009.csv 파일로

---

1 goo.gl/2tJB6X

만들어 두었다). 실습용으로 내려받은 niaaa-report2009.csv 파일을 사용한다.

```python
import pandas as pd
alco2009 = pd.read_csv("niaaa-report2009.csv", index_col="State")
alco2009
```
```
>>>

                Beer   Wine   Spirits

State
Alabama         1.20   0.22    0.58
Alaska          1.31   0.54    1.16
Arizona         1.19   0.38    0.74
Arkansas        1.07   0.17    0.60
California      1.05   0.55    0.73
Colorado        1.22   0.46    1.00
Connecticut     0.89   0.59    0.86
   《…생략…》
West Virginia   1.24   0.10    0.45
Wisconsin       1.49   0.31    1.16
Wyoming         1.45   0.22    1.10
```

다음과 같이 만들어도 된다. 책에서는 앞의 방식을 이용할 것이다.

```python
alco2009 = pd.DataFrame([(1.20, 0.22, 0.58),
                         (1.31, 0.54, 1.16),
                         (1.19, 0.38, 0.74),
                         《…생략…》],
                        columns = ("Beer", "Wine", "Spirits"),
                        index = ("Alabama", "Alaska", 《…생략…》))
```
```
>>>
            Beer   Wine   Spirits
Alabama     1.20   0.22    0.58
Alaska      1.31   0.54    1.16
Arizona     1.19   0.38    0.74
   《…생략…》
```

열로 구성된 딕셔너리를 사용해도 같은 결과를 얻을 수 있다.

```
alco2009 = pd.DataFrame({"Beer" : (1.20, 1.31, 1.19, ≪…생략…≫),
                         "Wine" : (0.22, 0.54, 0.38, ≪…생략…≫),
                         "Spirits" : (0.58, 1.16, 0.74, ≪…생략…≫)},
                        index=("Alabama", "Alaska", ≪…생략…≫))
```

데이터 프레임의 개별 열은 딕셔너리나 오브젝트(object) 구문을 사용해서 접근할 수 있다. 그러나 새로운 열을 추가할 때는 반드시 딕셔너리 구문을 사용해야 한다. 오브젝트 구문을 사용하면 pandas는 새로운 열 대신에 해당 데이터 프레임에 새 속성을 생성한다. 시리즈와 마찬가지로 데이터 프레임은 head()와 tail() 함수를 가지고 있다(진짜 판다들도 꼬리가 있다!).

```
alco2009["Wine"].head()
>>>
State
Alabama      0.22
Alaska       0.54
Arizona      0.38
Arkansas     0.17
California   0.55
Name: Wine, dtype: float64
```

```
alco2009.Beer.tail()
>>>
State
Virginia       1.11
Washington     1.09
West Virginia  1.24
Wisconsin      1.49
Wyoming        1.45
Name: Beer, dtype: float64
```

시리즈처럼 데이터 프레임도 브로드캐스팅을 지원한다. 명령어 한 줄로 하나의 값을 해당 열의 모든 행에 할당할 수 있다. 심지어 해당 열이 미리 있을 필요도 없다. 없다면 pandas가 만들어 줄 것이다.

```
alco2009["Total"] = 0
alco2009.head()
>>>
           Beer  Wine  Spirits  Total
State
Alabama    1.20  0.22     0.58      0
Alaska     1.31  0.54     1.16      0
Arizona    1.19  0.38     0.74      0
Arkansas   1.07  0.17     0.60      0
California 1.05  0.55     0.73      0
```

앞에서 Total 값은 명백히 잘못된 값이다. 158쪽 '사칙 연산자'에서 어떻게 이를 수정할 수 있는지 알아보자.

UNIT
32

데이터 모양 바꾸기

DATA SCIENCE FOR EVERYONE

테이블형 데이터를 처리할 때 pandas가 제공하는 주요 기능은 데이터 레이블링
이다. 데이터 레이블링은 열(열 이름)과 행(단일 혹은 계층적 인덱스)을 숫자나
문자로 된 레이블과 연결 짓는 것이다. 데이터 레이블링은 유연하게 적용할 수
있다. 데이터 프레임을 구성하는 numpy 배열의 모양('UNIT 22. 행열 전환과 형
태 변형하기'의 reshape( ) 함수를 다시 보자)을 바꿔 다른 데이터 프레임의 구조
에 맞출 때, 일부 행은 열이 되고 열은 행이 될 수 있다. 예를 들어 2개의 레벨로
된 계층적 인덱스('연도'와 '주')를 가진 데이터 프레임과 '주'만 인덱스로 가진 데
이터 프레임이 있다고 가정해 보자. 두 데이터 프레임을 맞추려면 첫 번째 데이
터 프레임의 '연도' 레이블을 열 이름으로 변환해야 한다. 여기서는 단일 혹은 계
층적 인덱싱과 재인덱싱(reindexing), 데이터 레이블의 구조를 변경하는 다양한
방법을 알아본다.

1 인덱싱

데이터 프레임의 인덱스(index)는 행에 할당된 레이블의 묶음이다(레이블은 모두
같은 데이터 타입에 속해야 하지만, 고유할 필요는 없다). 인덱스는 옵셔널 파라
미터 index를 DataFrame( ) 생성자에 전달해 생성할 수 있다. 그리고 시리즈와
마찬가지로 index.values와 columns.values 속성 값으로 열과 행 이름에 접근
해서 바꿀 수 있다.

```
alco2009.columns.values
>>>
array(['Beer', 'Wine', 'Spirits', 'Total'], dtype=object)
```

```
alco2009.index.values
>>>
array(['Alabama', 'Alaska', 'Arizona', ≪…생략…≫, 'Wyoming'],
    dtype=object)
```

어떤 열이라도 데이터 프레임의 인덱스가 될 수 있다. reset_index()와 set_index(column) 함수는 기존 인덱스를 떼어 내거나 새로운 인덱스를 만든다. 두 함수는 모두 새로운 데이터 프레임을 반환하지만, 옵셔널 파라미터 inplace=True가 주어지면 기존 데이터 프레임 자체를 수정한다.

```
alco2009.reset_index().set_index("Beer").head()
>>>
          State   Wine   Spirits   Total
Beer
1.20    Alabama   0.22    0.58      0
1.31     Alaska   0.54    1.16      0
1.19    Arizona   0.38    0.74      0
1.07   Arkansas   0.17    0.60      0
1.05 California   0.55    0.73      0
```

데이터 프레임 인덱스는 행에 접근할 때 사용하는 도구이자 식별자다. 열을 인덱스로 지정할 때는 반드시 맥락에 맞아야 한다. 앞의 예제에서 인덱스로 사용한 열은 맥락에 맞지 않는다. 맥주 소비량은 그 주(state)의 값이지, 식별자가 될 수는 없다.

적합한 인덱스를 생성하고 나면 행 인덱스 속성 값 ix를 사용해 개별 행에 접근할 수 있다. 이는 인덱스 레이블을 키(key)로 가진 행으로 구성된 딕셔너리와 개념적으로 유사하다. 데이터 프레임의 열은 각 시리즈의 인덱스로 기능한다.

```
alco2009.ix["Nebraska"]
>>>
Beer      1.46
Wine      0.20
Spirits   0.68
```

```
Total      0.00
Name: Nebraska, dtype: float64
```

파이썬 연산자 in은 데이터 프레임에 특정 레이블을 가진 행이 있는지 확인한다.

```
"Samoa" in alco2009.index
>>
False
```

drop( ) 함수는 특정 행이 삭제된 데이터 프레임 복사본을 반환한다. 원래 데이터 프레임에서 행을 삭제하려면 옵셔널 파라미터 inplace=True를 전달해야 한다.

2 재인덱싱

재인덱싱은 기존 데이터 프레임과 시리즈에서 행이나 열, 행과 열을 추려서 새 데이터 프레임이나 시리즈를 생성한다. 본질적으로 재인덱싱은 numpy의 '스마트' 인덱싱('UNIT 23. 인덱싱과 자르기'에서 살펴보았다)과 같다. 차이점은 선택된 행과 열이 원래 데이터 프레임에 있지 않다면 pandas는 nan 값으로 채운 새로운 행과 열을 생성한다.

다음 예제에서 우리는 철자 "S"로 시작하는 주의 리스트를 만들었다. ("Samoa"처럼 말이다. 하지만 이는 주가 아니며 alco2009 데이터 프레임에도 없다.) 그리고 마지막 열("Total")을 제외한 모든 열을 가져온 후 "Water"라는 이름의 열을 새로 추가했다. 마지막으로 기존 데이터 프레임에서 선택한 행과 열에 해당하는 데이터를 추출했다. 하나의 행("Samoa")과 하나의 열("Water")이 기존 데이터 프레임에는 없기 때문에 pandas가 이들을 대신 생성한다. 실습용으로 alco2009를 다시 만들어 주자.

```
alco2009 = pd.read_csv("niaaa-report2009.csv", index_col="State")
"Samoa" in alco2009.index
```

```
s_states = [state for state in alco2009.index if state[0] == 'S'] +
           ["Samoa"]
drinks = list(alco2009.columns) + ["Water"]
nan_alco = alco2009.reindex(s_states, columns=drinks)
nan_alco
>>>
```

	Beer	Wine	Spirits	Water
South Carolina	1.36	0.24	0.77	NaN
South Dakota	1.53	0.22	0.88	NaN
Samoa	NaN	NaN	NaN	NaN

옵셔널 파라미터 method에 "ffill"이나 "bfill"을 전달하면 앞이나 뒤의 값을
사용해 결측치를 메울 수 있다(이러한 방법은 인덱스가 단순하게 증가하거나 감
소할 때만 사용할 수 있다). 141쪽에서 결측치 보정을 더 자세히 알아볼 것이다.

3 계층적 인덱싱

pandas는 계층적(다층) 인덱스와 계층적(다층) 열 이름을 지원한다. 다층 인덱스
는 멀티인덱스라고도 한다.

계층적 인덱스는 세 가지 리스트로 구성된다.

- 계층 이름
- 계층별로 속한 모든 라벨
- 프레임이나 시리즈에 담긴 모든 아이템의 실제 값 리스트

다음 데이터 프레임에는 2009년 자료 외에도 전체 NIAAA 데이터셋이 저장되어
있다. 이 데이터 프레임은 주와 연도로 된 멀티인덱스를 가지며, 주와 연도 순으
로 정렬된다.

다음 코드로 내려받은 niaaa-report.csv 파일을 읽어 와 alco 데이터 프레임으로 만들어 준다.

```
alco = pd.read_csv("niaaa-report.csv", index_col=["State", "Year"])
alco
>>>
```

		Beer	Wine	Spirits
State	Year			
Alabama	1977	0.99	0.13	0.84
	1978	0.98	0.12	0.88
	1979	0.98	0.12	0.84
	1980	0.96	0.16	0.74
	1981	1.00	0.19	0.73
≪…생략…≫				
Wyoming	2005	1.21	0.23	0.97
	2006	1.47	0.23	1.05
	2007	1.49	0.23	1.10
	2008	1.54	0.23	1.12
	2009	1.45	0.22	1.10

```
[1683 rows x 3 columns]
```

데이터 변환 작업을 하다 보면 가끔 계층적 인덱스를 만들고는 하는데, 이를 의도적으로 만들 수도 있다. MultiIndex.from_tuples() 함수는 레이블로 된 튜플 묶음과 옵셔널 파라미터인 레벨 리스트 names를 전달받아 멀티인덱스를 만든다. 만든 멀티인덱스를 기존 데이터 프레임이나 시리즈에 붙이거나 DataFrame() 생성자에 전달할 수 있다.

다음과 같이 멀티인덱스를 만든다. 전체 코드는 내려받은 multi.txt 파일에 있다.

```
multi = pd.MultiIndex.from_tuples((
        ("Alabama", 1977), ("Alabama", 1978), ("Alabama", 1979), ≪…생략…≫,
        ("Wyoming", 2009)),
        names=["State", "Year"])
```

```
multi
>>>
MultiIndex(levels=[['Alabama', 'Alaska', ≪…생략…≫, 'Wyoming'],
                   [1977, 1978, 1979, 1980, ≪…생략…≫, 2009]],
           labels=[[0, 0, 0, 0, 0, 0, 0, 0, ≪…생략…≫, 50],
                   [0, 1, 2, 3, 4, 5, 6, 7, ≪…생략…≫, 32]],
           names=['State', 'Year'])
```

```
alco.index = multi
```

멀티인덱스는 단일 인덱스와 같은 방식으로 사용한다. 인덱스 레벨 중 일부를 선
택해 데이터를 추출하면 새로운 데이터 프레임을 만든다. 그리고 모든 레벨의 레
이블을 선택하면 시리즈를 만든다.

```
alco.ix['Wyoming'].head()
>>>
       Beer    Wine    Spirits
Year
1977   1.79    0.21     1.32
1978   1.82    0.22     1.36
1979   1.86    0.22     1.30
1980   1.85    0.24     1.32
1981   1.91    0.24     1.27
```

```
alco.ix['Wyoming', 1999]
>>>
Beer      1.41
Wine      0.18
Spirits   0.84
Name: (Wyoming, 1999), dtype: float64
```

pandas는 멀티인덱스와 열을 같은 방식으로 취급해 인덱스가 열이 될 수 있고,
그 반대도 성립한다.

4 스택킹과 피보팅

여러분은 열 이름을 계층화하는 대신 멀티인덱스의 전체 혹은 일부를 평평하게 할 수도 있다. 반대로 인덱스를 계층화하는 대신 다층으로 구성된 열 이름의 전체나 일부를 평평하게 할 수도 있다.

stack( ) 함수는 인덱스의 레벨 개수를 증가시키는 동시에 열 이름의 레벨 개수를 감소시켜 그림 6-2와 같이 데이터 프레임을 길고 좁게 변형한다. 열 이름이 이미 평평하다면 시리즈를 반환한다. unstack( ) 함수는 정확히 그 반대로 작용한다. 이 함수는 인덱스의 레벨 개수를 낮추고 열 이름의 레벨 개수를 높여 데이터 프레임을 짧고 넓게 만든다. 이미 인덱스가 평평하다면 시리즈를 반환한다.

그림 6-2
stack()과 unstack()

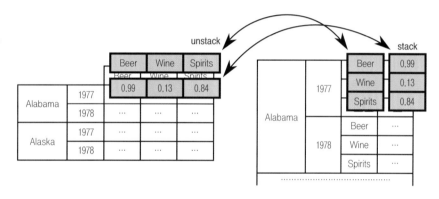

```
tall_alco = alco.stack()
tall_alco.index.names = ["State", "Year", "Drink"]
tall_alco.head(10)
>>>
State      Year   Drink
Alabama    1977   Beer      0.99
                  Wine      0.13
                  Spirits   0.84
           1978   Beer      0.98
                  Wine      0.12
                  Spirits   0.88
           1979   Beer      0.12
```

```
              Wine     0.84
              Spirits  0.96
       1980   Beer     0.96
dtype: float64
```

앞의 예제에서 연산 결과로 레벨 개수가 3인 인덱스를 가진 시리즈를 반환했다
(레벨 3에 대응하는 인덱스 이름이 없어 "Drink"를 지정했다).

```
wide_alco = alco.unstack()
wide_alco.head()
>>>
```

```
            Beer                                                        ...
Year        1977  1978  1979  1980  1981  1982  1983  1984  1985  1986  ...
State
Alabama     0.99  0.98  0.98  0.96  1.00  1.00  1.01  1.02  1.06  1.09  ...
Alaska      1.19  1.39  1.50  1.55  1.71  1.75  1.76  1.73  1.68  1.68  ...
Arizona     1.70  1.77  1.86  1.69  1.78  1.74  1.62  1.57  1.67  1.77  ...
Arkansas    0.92  0.97  0.93  1.00  1.06  1.03  1.03  1.02  1.03  1.06  ...
California  1.31  1.36  1.42  1.42  1.43  1.37  1.37  1.38  1.32  1.36  ...


            Spirits
Year        2000  2001  2002  2003  2004  2005  2006  2007  2008  2009
State
Alabama     0.51  0.53  0.53  0.52  0.52  0.53  0.55  0.56  0.58  0.58
Alaska      0.92  0.97  1.08  0.79  0.96  0.99  1.02  1.07  1.09  1.16
Arizona     0.71  0.70  0.69  0.71  0.70  0.74  0.78  0.76  0.75  0.74
Arkansas    0.53  0.53  0.53  0.56  0.58  0.58  0.59  0.60  0.60  0.60
California  0.64  0.64  0.63  0.65  0.67  0.68  0.70  0.72  0.72  0.73
[5 rows x 99 columns]
```

앞의 예제에서 연산 결과는 단일 인덱스와 2개의 레벨로 구성된 열을 가진 데이
터 프레임이다. 여러분은 이러한 형태의 데이터 프레임을 CSV나 다른 테이블형
데이터 파일에서 자주 만날 것이다. 이들 데이터 프레임을 쌓아 정사각형 모양에
가깝게 만들면 다루기가 더 쉽다.

스택킹과 언스택킹의 더 일반화된 연산은 **피보팅**(pivoting)이다. pivot(index, columns, values) 함수는 기존 데이터 프레임을 새로운 데이터 프레임으로 변환한다. 그 과정에서 index로 넘기는 열을 새로운 인덱스로 사용하고, columns를 새로운 열 이름 리스트로 사용하며, values에 해당하는 열은 데이터 프레임을 채우는 데이터로 사용한다.

다음 예제에서는 실습을 위해 alco를 연도(새로운 단일 인덱스)와 주(열 이름)에 따른 와인 소비량으로 재조합했다.

```
alco = pd.read_csv("niaaa-report.csv")
alco.pivot("Year", "State", "Wine")
>>>
```

State	Alabama	Alaska	Arizona	Arkansas	California	Colorado	Connecticut
Year							
1977	0.13	0.42	0.34	0.10	0.67	0.36	0.35
1978	0.12	0.45	0.37	0.11	0.68	0.47	0.38
1979	0.12	0.47	0.39	0.10	0.70	0.47	0.40
1980	0.16	0.50	0.36	0.12	0.71	0.47	0.43

≪ … 생략 … ≫

[33 rows x 51 columns]

인덱스가 None이라면 pandas는 기존 데이터 프레임의 인덱스를 재사용한다.

UNIT 33 데이터 누락 다루기

DATA SCIENCE FOR EVERYONE

대부분의 데이터는 완벽하지 않다. 일부 값은 안정적이지만(별로 걱정할 필요가 없다), 일부는 의심스럽고(조금 에누리해서 다루어야 한다), 또 일부는 아예 비어 있다.

pandas는 결측치를 numpy.nan을 사용해서 표기하는데, 이는 숫자와 달라 혼동을 피할 수 있고 R 언어의 NA("Not Available")와 비슷하다. 또 pandas는 결측치를 탐지하고 보정하는 함수를 제공한다.

시리즈와 데이터 프레임에서 결측치가 발생하는 데는 몇 가지 이유가 있다. 여러분이 데이터 자체를 수집하지 않았을 수도 있고, 수집은 했지만 적절하지 않아서 버렸을 수도 있다. 또 개별적으로는 완전한 데이터셋들을 합쳤을 때 더 이상 완전하지 않을 수도 있다. 불행하게도 여러분은 결측치를 처리하기 전에는 그 어떤 본격적인 데이터 분석도 할 수 없다. 결측치를 반드시 삭제하거나 맥락에 맞는 다른 값으로 교체해서 보정해야 한다. 지금부터 그 방법을 더 자세히 알아보자.

1 결측치 삭제

결측치를 다루는 가장 간단한 방법은 애초에 그 값을 가지고 있지 않은 척 하는 것이다("악을 보지도 말고, 듣지도 말라" 식의 접근 방식이다). dropna() 함수는 결측치를 가진 열(axis=0, 기본 값)이나 행(axis=1)의 일부(how="any", 기본 값) 또는 전체(how="all")를 삭제하고, '정제된' 데이터 프레임 복사본을 반환한다. 옵셔널 파라미터 inplace=True를 사용하면 복사본이 아닌 원본 데이터 프레임 자체를 수정할 수 있다.

```
nan_alco.dropna(how="all")
>>>
                  Beer  Wine  Spirits  Water
State
South Carolina    1.36  0.24     0.77    NaN
South Dakota      1.53  0.22     0.88    NaN

nan_alco.dropna(how="all", axis=1)
>>>
                  Beer  Wine  Spirits
State
South Carolina    1.36  0.24     0.77
South Dakota      1.53  0.22     0.88
Samoa              NaN   NaN      NaN
```

데이터 프레임의 구조 자체를 파괴하지 않는 한 결측치만 제거할 수는 없다. '더러운' 셀이 있는 행이나 열 단위로만 삭제할 수 있고, 그 결과로 반환되는 '깨끗한' 데이터 프레임은 텅 비어 있을 수도 있다. 악을 보지 않는 대신 데이터를 보지 못할 수도 있다.

```
nan_alco.dropna()
>>>
Empty DataFrame
Columns: [Beer, Wine, Spirits, Water]
Index: []
```

2 결측치 보정

결측치를 다루는 또 다른 방법은 그 값을 보정하는 것이다. 결측치 보정은 맥락에 맞는 '깨끗한' 값으로 결측치를 교체하는 것을 의미한다. 당연히 맥락은 그 데이터의 종류에 달려 있다. 데이터 과학자인 우리만이 그 보정이 적절한지 아닌지 판단할 수 있다.

가장 흔한 보정 방법 두 가지는 상수(0, 1 등)와 '깨끗한' 값들의 평균으로 교체하는 것이다. 그러나 여러분은 먼저 어떤 값들이 비어 있는지 파악해야 한다.

isnull()과 notnull() 함수는 상호 보완적이다. 이들 함수는 해당 값이 nan 이거나 nan이 아니면 True를 반환한다. IEEE 754 부동소수점 기준에 따르면 np.nan==np.nan은 False를 반환해 직접적인 비교를 불가능하게 한다!

```
nan_alco.isnull()
>>>
                    Beer   Wine   Spirits   Water
State
South Carolina     False False     False    True
South Dakota       False False     False    True
Samoa               True  True      True    True


nan_alco.notnull()
>>>
                    Beer   Wine   Spirits   Water
State
South Carolina      True  True      True   False
South Dakota        True  True      True   False
Samoa              False False     False   False
```

평균값 보정을 이용해 Spirits 열을 수정해 보자([-]은 numpy의 부정(negation) 연산자다).

```
sp = nan_alco['Spirits']      # 결측 값이 있는 열을 선택했다.
clean = sp.notnull()          # 결측 값이 없는 행이다.
sp[-clean] = sp[clean].mean() # 정상적인 값의 평균으로 결측치를 보정한다.
nan_alco
>>>
                    Beer   Wine   Spirits   Water
State
South Carolina     1.36   0.24     0.770     NaN
South Dakota       1.53   0.22     0.880     NaN
Samoa               NaN    NaN     0.825     NaN
```

열별로(혹은 행별로) 평균치 보정을 할 수도 있지만, 상수를 사용해 전체 프레임의 결측치를 보정할 수도 있다. fillna(val) 함수는 val 값을 '빈 구멍'에 메워

넣는 가장 단순한 방법이다. 또 이 함수는 열(axis=0, 기본 값)이나 행(axis=1)을 따라서 마지막 정상 관측치를 앞(method="fill")이나 뒤(method="bfill")로 메운다. inplace=True 파라미터를 지정하지 않는다면 fillna() 함수는 새로운 데이터 프레임이나 시리즈를 반환한다.

```
nan_alco.fillna(0)
>>>
                Beer  Wine  Spirits  Water
State
South Carolina  1.36  0.24    0.770      0
South Dakota    1.53  0.22    0.880      0
Samoa           0.00  0.00    0.825      0


nan_alco.fillna(method="ffill")
>>>
                Beer  Wine  Spirits  Water
State
South Carolina  1.36  0.24    0.770    NaN
South Dakota    1.53  0.22    0.880    NaN
Samoa           1.53  0.22    0.825    NaN
```

3 값 교체

특정한 '더러운' 값들을 다루는 또 다른 방법은 맥락에 맞게 적절한 '깨끗한' 값으로 교체(replacing)하는 것이다. replace(val_or_list, new_val) 함수는 특정 값이나 값 리스트를 다른 값이나 값 리스트로 교체한다. 리스트를 사용할 때는 두 리스트의 길이가 같아야 한다. inplace=True 파라미터를 넘기지 않는다면 이 함수는 새로운 데이터 프레임이나 시리즈를 반환한다.

combine_first(pegs) 함수는 두 데이터 프레임이나 두 시리즈를 결합한다. 이 함수는 데이터 프레임, 시리즈에 있는 결측치를 인자로 받는 데이터 프레임, 시리즈의 값으로 보정한다. 즉, 인자로 전달되는 데이터 프레임, 시리즈는 데이터 기본 값의 소스로 기능한다.

데이터 합치기

DATA SCIENCE FOR EVERYONE

데이터를 여러 데이터 프레임에 나누어 저장했다면, 이제 본격적으로 분석하기에 앞서 흩어진 데이터부터 합쳐 보자. pandas는 데이터 프레임을 결합하거나 붙이는 함수를 지원한다. 물론 그 전에 정말로 데이터를 결합하거나 붙여야 할지를 먼저 판단해야 한다.

1 결합

데이터 프레임 결합(merging)은 데이터베이스 테이블을 결합하는 것과 비슷하다. pandas는 왼쪽과 오른쪽 데이터 프레임에서 인덱스가 같은 행(혹은 지정한 열의 값이 같은 행)을 결합한다. 왼쪽 데이터 프레임의 각 행이 오른쪽 데이터 프레임의 행과 하나만 매칭된다면 이러한 타입의 결합을 일대일(one-to-one) 결합이라고 한다. 그리고 2개 이상의 행을 매칭할 때를 일대다(one-to-many) 결합이라고 한다. 이때는 pandas가 왼쪽에 있는 데이터 프레임의 행을 필요한 만큼 복제하고, 복제한 만큼 행이 중복된다(147쪽에서 이를 다루는 방법을 알아볼 것이다). 각 데이터 프레임에서 여러 행이 겹칠 때는 다대다(many-to-many) 결합으로 마찬가지로 pandas는 필요한 만큼 행을 복제하고, '빈' 곳에는 numpy.nan을 집어넣는다.

두 데이터 프레임에서 이름이 같은 열이 있다면 그 열을 기준으로 데이터 프레임을 결합할 수 있다. 그렇지 않다면 다음과 같이 열을 키(key)로 지정한다.

```
df = pd.merge(df1, df2, on="key")
df = pd.merge(df1, df2, left_on="key1", right_on="key2")
```

미국 인구통계 데이터[2]를 사용해서 2016년 2월 기준 미국 인구 정보가 담긴 데이터 프레임을 만들어 보자. 주(state)별 데이터와 더불어 데이터 프레임은 동부, 북동부, 북서부, 중서부, 서부, 남부, 미주 전체에서 관측치를 가지고 있다. 실습용으로 내려받은 population.csv 파일을 사용해 데이터 프레임을 만든다.

```
population = pd.read_csv("population.csv", index_col="State")
population.head()
>>>
            Population
State
Alabama      4,780,131
Alaska         710,249
Arizona      6,392,301
Arkansas     2,916,025
California   37,254,522
```

population과 alco2009에는 모두 '주(state)'가 인덱스로 있기 때문에 인덱스를 제거한다. 그리고 모든 공통된 열을 기준으로 결합하고, 인구 정보를 알코올 소비 정보와 나란히 살펴본다.

```
df = pd.merge(alco2009.reset_index(),
    population.reset_index()).set_index("State")
df.head()
>>>
            Beer  Wine  Spirits  Population
State
Alabama     1.20  0.22    0.58   4,780,131
Alaska      1.31  0.54    1.16     710,249
Arizona     1.19  0.38    0.74   6,392,301
Arkansas    1.07  0.17    0.60   2,916,025
California  1.05  0.55    0.73   37,254,522
```

---

2 goo.gl/r5OwRB

두 데이터 프레임에서 이름이 같은 열이 있다면 pandas는 해당 열 이름에 접미사 "_l"과 "_r"을 붙인다. 옵셔널 파라미터 suffixes(두 문자열로 구성된 튜플)로 접미사를 변경할 수 있다. 일반적인 열이 아닌 인덱스를 사용해서 결합하려면 옵셔널 파라미터 left_index=True나 right_index=True를 사용한다. 다음 명령어를 실행한 결과는 그 전과 같지만, 기본 정렬 순서는 다를 수 있다.

```
df = pd.merge(alco2009, population, left_index=True, right_index=True)
df.head()
>>>
```

	Beer	Wine	Spirits	Population
State				
Alabama	1.20	0.22	0.58	4,780,131
Alaska	1.31	0.54	1.16	710,249
Arizona	1.19	0.38	0.74	6,392,301
Arkansas	1.07	0.17	0.60	2,916,025
California	1.05	0.55	0.73	37,254,522

두 인덱스를 키로 지정했다면 merge() 함수 대신 join() 함수를 쓸 수 있다.

```
population.join(alco2009).tail(10)
>>>
```

	Population	Beer	Wine	Spirits
State				
South Dakota	814,195	1.53	0.22	0.88
Tennessee	6,346,298	1.05	0.21	0.57
Texas	25,146,100	1.42	0.28	0.58
Utah	2,763,888	0.70	0.17	0.46
Vermont	625,741	1.36	0.63	0.70
Virginia	8,001,041	1.11	0.43	0.59
Washington	6,724,545	1.09	0.51	0.74
West Virginia	1,853,011	1.24	0.10	0.45
Wisconsin	5,687,289	1.49	0.31	1.16
Wyoming	563,767	1.45	0.22	1.10

join()과 merge() 함수 모두 옵셔널 파라미터 how로 "left"(join() 함수의 기본 값), "right", "inner"(merge() 함수의 기본 값), "outer"를 취한다. left join은 왼쪽 데이터 프레임의 인덱스를 사용한다. right join은 오른쪽 데이터 프레임의 인덱스를 파라미터로 사용한다. outer join은 두 인덱스의 합집합을 사용한다. inner join은 두 인덱스의 교집합을 사용한다(pandas의 join 타입은 79쪽에서 소개한 MySQL의 join 타입과 같다).

두 데이터 프레임의 인덱스가 동일하지 않다면 left, right, outer join은 결측치가 포함된 행을 생성한다. 앞의 예제에서는 beer, wine, spirit의 Total 값이 없는 행이 있었다. inner join/merge를 할 때는 절대로 새로운 결측치가 생기지 않는다.

두 데이터 프레임에서 정확히 이름이 같은 열이 있다면, 반드시 옵셔널 파라미터 lsuffix(문자열)와 rsuffix(문자열)를 전달해야 한다. pandas는 이름이 같은 열에 접미사를 붙인다.

join() 함수는 또한 옵셔널 파라미터 on을 취할 수 있으며, 공통된 열을 사용해 두 데이터 프레임을 결합할 수 있다(하지만 이름이 서로 다른 열이나 열-인덱스로는 안 된다).

2 붙이기

concat() 함수는 '수직'(axis=0, 기본 값)이나 '수평'(axis=1) 축을 따라서 여러 데이터 프레임을 이어 붙인(concatenating) 새로운 데이터 프레임을 반환한다.

```
pd.concat([alco2009, population], axis=1).tail()
>>>
```

	Beer	Wine	Spirits	Population
State				
Virginia	1.11	0.43	0.59	8,001,041
Washington	1.09	0.51	0.74	6,724,545
West Virginia	1.24	0.10	0.45	1,853,011
Wisconsin	1.49	0.31	1.16	5,687,289
Wyoming	1.45	0.22	1.10	563,767

축이 일치하지 않으면 pandas가 '빈' 곳에 결측치가 채워진 행이나 열을 새로 추가한다.

pandas는 수직으로 쌓은 모든 데이터 프레임에 있는 인덱스를 보존한다. 이 과정에서 키가 중복된 인덱스를 만들 수도 있다. 이를 그냥 사용하거나 중복된 인덱스를 제거하거나(150쪽에서 배울 것이다), 옵셔널 파라미터 keys(문자열로 된 리스트)를 전달해서 새로운 데이터 프레임에 두 번째 인덱스를 추가해 계층적 인덱스를 만들 수도 있다. 데이터 프레임을 '수평적'(열-기준)으로 이어 붙일 때는 옵셔널 파라미터 keys를 전달하면 계층적 열이 생성된다.

캐나다 통계청 웹 사이트[3]에서 제공하는 데이터를 사용해 2016년 캐나다 주("state")별 인구 정보가 담긴 데이터 프레임을 만들어 보자. 인덱싱을 적절히 사용해서 두 북미 국가를 표현하는 데이터 프레임을 생성할 수 있다. 내려받은 demo02a-eng.csv 파일로 데이터 프레임을 만든다.

```
pop_ca = pd.read_csv("demo02a-eng.csv", index_col="State")
pop_ca
>>>
                            Population
State
Newfoundland and Labrador        530.1
Prince Edward Island             148.6
Nova Scotia                      949.5
New Brunswick                    756.8
Quebec                         8,326.10
Ontario                       13,983.00
Manitoba                       1,318.10
Saskatchewan                   1,150.60
Alberta                        4,252.90
British Columbia               4,751.60
Yukon                            37.5
```

---

3 goo.gl/invwdG

	Population
Northwest Territories	44.5
Nunavut	37.1

```
pop_na = pd.concat([population, pop_ca], keys=["US", "CA"])
pop_na.index.names = ("Country", "State")
pop_na
>>>
```

Country	State	Population
US	Alabama	4,780,131
	Alaska	710,249
	Arizona	6,392,301
	Arkansas	2,916,025
	California	37,254,522
	Colorado	5,029,324
	Connecticut	3,574,114

《…생략…》

CA	Newfoundland and Labrador	530.1
	Prince Edward Island	148.6
	Nova Scotia	949.5
	New Brunswick	756.8
	Quebec	8,326.10
	Ontario	13,983.00
	Manitoba	1,318.10
	Saskatchewan	1,150.60
	Alberta	4,252.90
	British Columbia	4,751.60
	Yukon	37.5
	Northwest Territories	44.5
	Nunavut	37.1

```
[64 rows x 1 columns]
```

필요하면 계층적 인덱스를 평평하게 만들 수 있음을 잊지 말자.

3 중복 제거

duplicated([subset]) 함수는 각 행의 전체 혹은 일부(subset) 열이 중복되었는지를 의미하는 불 시리즈를 반환한다. 옵셔널 파라미터 keep으로 중복된 항목의 원본을 첫 번째("first") 행으로 할지, 마지막("last") 행으로 할지, 중복된 모든 항목을 제거할지(False) 결정할 수 있다.

drop_duplicated( ) 함수는 전체나 일부(subset) 중복된 열이 제거된 데이터 프레임이나 시리즈의 복사본을 반환한다. duplicated([subset]) 함수와 마찬가지로 옵셔널 파라미터 keep으로 중복에 해당하는 첫 번째("first") 행이나 마지막("last") 행을 살릴지, 해당하는 모든 행을 제거할지(False) 결정할 수 있다. 옵셔널 파라미터 inplace=True를 사용해 원본 데이터 프레임에서 중복된 항목을 제거할 수도 있다.

UNIT 35 데이터 정렬하기

DATA SCIENCE FOR EVERYONE

데이터 프레임에 데이터를 저장하는 것만으로는 충분하지 않다. 그다음 필요한 것은 우리가 가진 데이터를 정렬하고 표현할 수 있는 잣대다. 파이썬의 유니버셜 함수인 len()과 그 형제인 min(), max()는 좋은 시작점이지만, 종종 "몇 개나?" 와 "얼마나 더?"보다 더 많은 질문에서 답을 알고 싶을 것이다. pandas는 정렬, 순위, 카운팅, 멤버십 테스팅, 기술 통계를 위한 다양한 함수를 제공한다.

 정렬과 순위

인덱스나 값을 사용해 시리즈와 데이터 프레임을 정렬할 수 있다. sort_index() 함수는 인덱스로 정렬(sorting)된 데이터 프레임을 반환한다. 정렬은 언제나 사전 순(숫자는 작은 수부터, 문자열은 알파벳 순서로)이며, ascending 파라미터(기 본 값은 True)를 사용해서 순서를 조정할 수도 있다. inplace=True 옵션을 지정 하면 다른 경우와 마찬가지로 pandas가 원본 데이터 프레임을 정렬한다.

```
population.sort_index().head()
>>>
          Population
State
Alabama    4,780,131
Alaska       710,249
Arizona    6,392,301
Arkansas   2,916,025
California 37,254,522
```

sort_values() 함수는 값으로 정렬한 데이터 프레임이나 시리즈를 반환한다. 데이터 프레임에서 첫 번째 파라미터는 열이나 열 리스트이며, 옵셔널 파라미터 ascending은 불 값이나 불 리스트다(정렬에 사용한 열 개수만큼 불 값을 전달한다). na_position 파라미터("first"나 "last")는 nan을 어디에(데이터 프레임의 앞이나 뒤에) 저장할지 결정한다.

```
population.sort_values("Population").head()
>>>
                Population
State
Rhode Island      1,052,940
New Hampshire     1,316,461
Maine             1,328,364
Hawaii            1,360,301
Idaho             1,567,650
```

미국에서 인구가 가장 적은 주는 어디일까? 정답은 와이오밍(Wyoming)이다.

rank() 함수는 데이터 프레임이나 시리즈 값에서 숫자로 된 순위(ranking)를 계산한다. 같은 값이 여러 개 있을 때 rank() 함수는 평균적인 순위를 할당한다. 불 파라미터인 numeric_only를 사용하면 수치형 데이터에만 순위를 매길 수 있다. na_option 파라미터를 사용해서 nan 값에 가장 높거나(top) 낮은(bottom) 순위를 매기거나 nan 값을 유지(keep)할 수 있다.

```
pop_by_state = population.sort_index()
pop_by_state.rank().head()
>>>
                Population
State
Alabama           28.0
Alaska            43.0
Arizona           36.0
Arkansas          17.0
California         24.0
```

이제 키보드를 몇 번만 눌러도 이 결과를 원본 population 데이터 프레임과 결합해 인구수와 해당 주의 순위를 하나의 데이터 프레임에 저장할 수 있다.

 2 ## 기술 통계

기술 통계(descriptive statistics) 함수는 시리즈나 데이터 프레임의 각 열에서 sum(), mean(), median(), 표준편차 std(), count(), min(), max() 함수의 값을 계산한다. 이들 함수는 불 파라미터 skipna를 사용해 nan 값을 분석에서 제외하고, axis로는 함수를 적용할 방향('수직' 혹은 '수평')을 결정한다.

```
alco2009.max()
>>>
Beer        1.72
Wine        1.00
Spirits     1.82
dtype: float64

alco2009.min(axis=1)
>>>
State
Alabama      0.22
Alaska       0.54
Arizona      0.38
Arkansas     0.17
California   0.55
≪ …생략… ≫
Wyoming      0.22
dtype: float64

alco2009.sum()
>>>
Beer        63.22
```

```
Wine        19.59
Spirits     41.81
dtype: float64
```

argmax() 함수(시리즈용)와 idxmax() 함수(데이터 프레임용)는 최댓값이 첫 번째 발생한 인덱스를 반환한다. 이 두 함수를 기억하기는 어렵지 않다. 이들은 pandas가 시리즈와 데이터 프레임을 각각 따로 취급하는 유일한 함수다.

pandas는 유사-적분, 유사-미분과 여러 누적 함수를 제한적으로 지원한다. cumsum(), cumprod(), cummin(), cummax() 함수는 시리즈나 데이터 프레임 각 열의 첫 번째 아이템에서 시작해 누적합, 누적곱, 누적최솟값과 누적최댓값을 계산한다.

실습용 alco와 멀티인덱스를 새로 만들어서 Total 항목을 추가한다.[4]

```
alco = pd.read_csv("niaaa-report.csv", index_col=["State", "Year"])
multi = pd.MultiIndex.from_tuples((
        ("Alabama", 1977), ("Alabama", 1978), ("Alabama", 1979), ≪…생략…≫,
        ("Wyoming", 2009)),
        names=["State", "Year"])

alco.index = multi

alco['Total'] = alco.Beer + alco.Wine + alco.Spirits
```

나중에 사용하려고 alco를 pickle로 저장한다.

```
import pickle
with open("alco.pickle", "wb") as oFile:
  pickle.dump(alco, oFile)

alco.ix['Hawaii'].cumsum().head()
>>>
```

---

4 **역주** 내려받은 multi.txt 파일에 멀티인덱스를 만드는 전체 코드가 있습니다.

```
      Beer  Wine  Spirits  Total
Year
1977  1.61  0.36     1.26   3.23
1978  2.99  0.82     2.56   6.37
1979  4.59  1.26     3.84   9.69
1980  6.24  1.72     5.05  13.01
1981  7.98  2.16     6.21  16.35
```

diff() 함수는 열·시리즈 안의 연속적인 아이템 간 차이를 계산한다. 바로 직전 행의 데이터가 없으므로 첫 번째 행에 diff() 함수를 적용한 결과는 알 수 없다. diff() 함수를 사용하면 하와이의 연간 알코올 소비량 변화를 확인할 수 있다.

```
alco.ix['Hawaii'].diff().head()
>>>
      Beer  Wine  Spirits          Total
Year
1977   NaN   NaN      NaN            NaN
1978 -0.23  0.10     0.04  -9.000000e-02
1979  0.22 -0.02    -0.02   1.800000e-01
1980  0.05  0.02    -0.07  -4.440892e-16
1981  0.09 -0.02    -0.05   2.000000e-02
```

유사-미분 후에 반환되는 마지막 열 이름("Total")은 혼란을 일으킬 수 있다. 나중에 있을 혼란을 방지하려면 이를 "Δ(Total)"이나 "Change of Total" 등으로 바꾸면 좋다.

3 고유 값, 카운팅, 멤버십

numpy는 배열을 셋으로 취급할 수 있다('UNIT 28. 배열을 셋처럼 다루기'를 참고한다). pandas도 시리즈를 셋으로 취급할 수 있다(데이터 프레임은 안 된다). UNIT 28에서 다룬 유사 생물정보학 자료를 다시 사용해서 연습해 보자.

```
dna = "AGTCCGCGAATACAGGCTCGGT"
dna_as_series = pd.Series(list(dna), name="genes")
dna_as_series.head()
>>>
0    A
1    G
2    T
3    C
4    C
Name: genes, dtype: object
```

unique()와 value_counts() 함수는 각각 시리즈와 데이터 프레임에서 고유한(uniqueness) 값으로 구성된 배열을 만들고, 각 고유 값의 등장 빈도를 계산한다. 시리즈가 nan 값을 포함한다면 그 역시도 빈도 카운팅(counting)에 포함할 수 있다.

```
dna_as_series.unique()
>>>
array(['A', 'G', 'T', 'C'], dtype=object)
```

```
dna_as_series.value_counts().sort_index()
>>>
A    5
C    6
G    7
T    4
Name: genes, dtype: int64
```

isin() 함수는 시리즈와 데이터 프레임에 모두 다 사용할 수 있다. isin() 함수는 시리즈나 데이터 프레임의 각 아이템이 특정 묶음에 속하는지 여부를 불 시리즈나 데이터 프레임으로 반환한다. DNA 시퀀스에 포함할 수 있는 뉴클레오티드의 종류는 A, C, G, T뿐이다. 우리가 가진 뉴클레오티드는 모두 유효한가?

```
valid_nucs = list("ACGT")
dna_as_series.isin(valid_nucs).all()
>>>
True
```

이쯤 되면 여러분은 데이터를 능숙하게 다룰 수 있을 것이다. 이제는 데이터를
가공해서 멋진 결과물을 만들어 보자. 데이터 가공에 사용할 수 있는 도구는 다
음 UNIT에 준비되어 있다.

UNIT 36 데이터 변환하기

DATA SCIENCE FOR EVERYONE

이번에는 pandas가 자랑하는 핵심 기능인 벡터화된 사칙 연산자, 논리 연산자, 여러 데이터 메커니즘을 살펴볼 차례다.

사칙 연산자

pandas는 사칙 연산자(arithmetic operations)(더하기, 빼기, 곱하기, 나누기)와 numpy 유니버설 함수('UNIT 25. 유니버설 함수 파헤치기'에서 소개한 ufunc)를 지원한다. 연산자와 함수를 사용하면 모양과 구조가 같은 데이터 프레임, 데이터 프레임 열과 시리즈, 모양이 같은 시리즈를 결합할 수 있다.

비로소 alco 데이터 프레임의 "Total" 열을 수정할 수 있게 되었다.

```
alco["Total"] = alco.Wine + alco.Spirits + alco.Beer
alco.head()
>>>
```

```
              Beer  Wine  Spirits  Total
State    Year
Alabama  1977  0.99  0.13     0.84   1.96
         1978  0.98  0.12     0.88   1.98
         1979  0.98  0.12     0.84   1.94
         1980  0.96  0.16     0.74   1.86
         1981  1.00  0.19     0.73   1.92
```

지수(logarithmic) 스케일로 전체 소비량을 측정하고 싶다면 numpy가 제공하는 log10( ), log( ) 등 다양한 ufunc를 사용하면 편리하다.

```
np.log10(alco.Total).head()
>>>
State    Year
Alabama  1977    0.292256
         1978    0.296665
         1979    0.287802
         1980    0.269513
         1981    0.283301
Name: Total, dtype: float64
```

모든 사칙 연산자는 인덱스를 보존한다. 이를 데이터 정렬(data alignment)이라고 한다. 두 시리즈를 더할 때, pandas는 한 시리즈에 있는 인덱스 "C"가 붙은 아이템을 다른 시리즈에 있는 인덱스가 같은 아이템에 더한다. 인덱스가 같은 아이템이 없다면 nan을 반환한다. 2개의 DNA 파편을 사용해서 156쪽 원본 DNA 파편에서 뉴클레오티드 C와 T를 제거해 보자.

```
dna = "AGTCCGCGAATACAGGCTCGGT"
dna1 = dna.replace("C", "")
dna2 = dna.replace("T", "")
dna_as_series1 = pd.Series(list(dna1), name="genes") # C가 제거되었다.
dna_as_series2 = pd.Series(list(dna2), name="genes") # T가 제거되었다.
dna_as_series1.value_counts() + dna_as_series2.value_counts()
>>>
A    10.0
C     NaN
G    14.0
T     NaN
Name: genes, dtype: float64
```

데이터를 확인해 보자. 데이터를 집계하기 전에 결측치를 처리(140쪽 참고)해야 할지도 모르겠다.

2 데이터 집계

데이터 집계(data aggregation)는 데이터를 분리하고 적용하고 결합하는 세 단계로 구성된다.

1. 분리 단계에서는 키(key)를 사용해서 데이터를 여러 덩어리로 분리한다.

2. 적용 단계에서는 각 덩어리에 집계 함수(sum( )이나 count( ) 함수 같은)를 적용한다.

3. 결합 단계에서는 산출한 결과를 새로운 시리즈나 데이터 프레임에 담는다.

pandas의 진정한 힘은 groupby( ) 함수와 집계 함수 묶음에 있으며, 이들은 여기서 소개한 세 가지 단계를 자동으로 실행한다. 우리는 그저 앉아서 커피 한 잔을 즐기면 된다.

groupby( ) 함수는 카테고리 키의 값을 기준으로 행을 그룹으로 묶어 데이터 프레임을 분리한다. groupby( ) 함수는 for 루프(그룹 안의 콘텐츠에 접근하는)나 집계 함수와 함께 사용할 수 있는 그룹 생성자를 반환한다.

집계 함수에는 다음 함수들이 있다. count( ) 함수는 각 그룹에 속한 행 개수를 반환한다. sum( ) 함수는 각 그룹에 속한 수치형 행의 합계 값을 반환한다. mean( ), median( ), std( ), var( ) 함수는 각 그룹에 속한 행의 평균값, **중앙 값**, **분산, 표준편차**를 반환한다. min( )과 max( ) 함수는 각 그룹에 속한 행의 최솟값 및 최댓값을 반환한다. prod( ) 함수는 그룹 안 수치형 행의 곱을 반환한다. 그리고 first( )와 last( ) 함수는 각 그룹의 첫 번째와 마지막 행을 반환하는데, 데이터 프레임을 정렬할 때만 의미가 있다.

지금까지 계속 사용한 alco 데이터 프레임으로 각 주의 연도별 전체 알코올 소비량을 추출해 보자.

```
# "Year" 열로 데이터를 묶고자 한다.
alco_noidx = alco.reset_index()
sum_alco = alco_noidx.groupby("Year").sum()
```

중앙 값
도수 분포 평균의 하나로 통계 자료를 값의 크기로 차례로 늘어 놓았을 때 그 중앙에 있는 값

분산
자료들의 불규칙한 분포 정도를 나타내는 통계량으로 표준편차의 제곱을 평균한 것

표준편차
자료의 분산 정도를 나타내는 수치. 평균값과 각 자료의 차(편차)를 제곱해 그것을 산술 평균한 값의 제곱근으로 계산

```
sum_alco.tail()
>>>
      Beer   Wine  Spirits  Total
Year
2005  63.49  18.06   38.89  120.44
2006  64.37  18.66   40.15  123.18
2007  64.67  19.08   40.97  124.72
2008  64.67  19.41   41.59  125.67
2009  63.22  19.59   41.81  124.62
```

데이터를 분리할 때 2개 이상의 열을 사용하면 결과로 반환되는 데이터 프레임은 그만큼의 멀티인덱스를 갖는다.

for 루프를 사용하면 각 그룹을 순회하면서 그 내용에 접근할 수 있다. groupby() 함수로 반환된 생성자는 각 이터레이션마다 인덱스와 인덱스에 대응되는 행 그룹을 데이터 프레임으로 제공한다.

```
for year, year_frame in alco_noidx.groupby("Year"):
    ≪…생략(year, year_frame)…≫
```

때로는 기존 열을 사용하는 대신 계산 가능한 속성을 사용해서 행을 묶어야 할 수도 있다. pandas는 딕셔너리나 시리즈를 이용한 데이터 집계를 지원한다. 미국 인구통계국[5]에서 정의한 주-지역 딕셔너리를 다음과 같이 가정해 보자. 다음 코드로 state2reg를 만든다. 전체 코드는 내려받은 state2reg.txt 파일에 있다.

```
state2reg = {'Illinois': 'MIDWEST*', 'Indiana': 'MIDWEST*', ≪…생략…≫,
             'Oregon': 'WEST', 'Washington': 'WEST'}
state2reg
>>>
{'Idaho': 'West', 'West Virginia': 'South', 'Vermont': 'Northeast',
 ≪…생략…≫ 'Washington': 'WEST'}
```

---

5 goo.gl/IFPNZU

이제 여러분은 지역별 평균 알코올 소비량을 계산할 수 있다! 딕셔너리는 값이 아닌 행 인덱스 레이블에 대응하기 때문에 적절한 열을 데이터 프레임의 인덱스로 지정하는 것을 잊지 말자(그룹핑 연산을 하는 동안이라도). 딕셔너리의 값은(이때는 그룹 이름이기도 하다) 결과로 반환하는 데이터 프레임의 인덱스가 된다.

```
alco2009.groupby(state2reg).mean()
>>>
              Beer      Wine   Spirits
MIDWEST    1.324167  0.265000  0.822500
NORTHEAST  1.167778  0.542222  0.904444
SOUTH      1.210588  0.318235  0.754706
WEST       1.249231  0.470769  0.843846
```

오컴(Ockham)의 윌리엄(William)으로 그 기원이 잘못 알려진 용어[6]를 따르자면, 데이터 집계는 개체를 압축하므로 우리에게 득이 된다. 반대로 이산화는 개체를 복제하고 값을 카테고리로 변환한다. 이산화가 쓸 만하지 않았다면 우리에게는 실이 되었을 것이다.

3 이산화

이산화(discretization)는 히스토그램이나 머신 러닝을 하려고 연속적인 변수를 이산(카테고리) 변수로 변환하는 것을 의미한다('10장. 머신 러닝'을 참고한다).

cut() 함수는 첫 번째 파라미터로 넘긴 배열이나 시리즈를 반열린 구간(bin)·카테고리로 분리한다. 두 번째 파라미터는 크기가 같은 구간 개수나 구간 경계 리스트다. 시퀀스를 N개의 구간으로 나누고 싶다면 N+1개의 구간 경계 리스트를 전달한다. cut() 함수로 생성한 카테고리는 순서형 데이터 타입에 속하므로 이 카테고리들에 순서를 매겨 서로 비교할 수 있다.

---

6 https://en.wikipedia.org/wiki/William_of_Ockham

```
cats = pd.cut(alco2009['Wine'], 3).head()
cats
>>>
State
Alabama        (0.0991, 0.4]
Alaska           (0.4, 0.7]
Arizona        (0.0991, 0.4]
Arkansas       (0.0991, 0.4]
California       (0.4, 0.7]
Name: Wine, dtype: category
Categories (3, object): [(0.0991, 0.4] < (0.4, 0.7] < (0.7, 1]]
```

자신만의 카테고리 레이블을 만들고 싶다면 옵셔널 파라미터 labels(빈 개수만큼 N개의 레이블로 구성된 리스트)를 전달한다.

```
cats = pd.cut(alco2009['Wine'], 3, labels=("Low", "Moderate", "Heavy"))
cats.head()
>>>
State
Alabama          Low
Alaska       Moderate
Arizona          Low
Arkansas         Low
California    Moderate
Name: Wine, dtype: category
Categories (3, object): [Low < Moderate < Heavy]
```

labels=False를 설정하면 cut() 함수는 구간에 레이블 대신 숫자를 부여하며, 어떤 구간에 속하는지에 대한 멤버십 정보만 반환한다.

```
cats = pd.cut(alco2009['Wine'], 3, labels=False).head()
cats
>>>
State
Alabama          0
```

```
Alaska          1
Arizona         0
Arkansas        0
California      1
Name: Wine, dtype: int64
```

분위수

확률 분포의 산포 또
는 변동 정보를 제공
하는 척도 중 하나

qcut( ) 함수는 cut( ) 함수와 비슷하지만 구간 크기가 아닌 **분위수**(quantile)를 기준으로 작동한다. 이 함수를 사용해서 분위수(중앙 값이나 사분위수(quartiles))를 계산할 수 있다.

```
quants = pd.qcut(alco2009['Wine'], 3, labels=("Low", "Moderate", "Heavy"))
quants.head()
>>>
State
Alabama              Low
Alaska             Heavy
Arizona         Moderate
Arkansas             Low
California         Heavy
Name: Wine, dtype: category
Categories (3, object): [Low < Moderate < Heavy]
```

소수 값을 사용해 변수를 이산화하는 또 다른 방법은 변수를 더미 변수로 구성한 집합으로 해체하는 것이다. 하나의 변수당 하나의 값이 필요하다.

더미 변수는 불 변수로 카테고리 하나에만 참이고, 나머지에는 거짓이다. 더미 변수는 로지스틱 회귀(236쪽 참고)와 '10장. 머신 러닝'에서 다루는 여러 형식의 머신 러닝에 사용한다.

get_dummies( ) 함수는 배열, 시리즈, 데이터 프레임을 원본 객체와 같은 인덱스와 더미 변수를 표현하는 열을 가진 또 다른 데이터 프레임으로 변환한다. 객체가 데이터 프레임이라면 옵셔널 파라미터 columns(이산화해야 할 열 리스트)를 사용하자.

161쪽에서 주를 지역으로 분리했었는데, 기억하는가? get_dummies() 함수를 사용해서 같은 데이터를 다른 방식으로 살펴볼 수 있다.

```
pd.get_dummies(pd.Series(state2reg)).sort_index().head()
>>>
```

	MIDWEST	NORTHEAST	SOUTH	WEST
Alabama	0	0	1	0
Alaska	0	0	0	1
Arizona	0	0	0	1
Arkansas	0	0	1	0
California	0	0	0	1

각 주가 정확히 하나의 지역에 속하기 때문에 각 행에 속한 모든 값의 합은 항상 1이다. 이는 단지 주만이 아니라 어떤 더미 집합에서든 같다.

4 매핑

매핑(mapping)은 가장 일반적인 형태의 데이터 변환이다. 매핑은 map() 함수를 사용해 인자가 1개인 임의의 함수를 선택한 열의 모든 엘리먼트에 적용한다. 전달하는 함수는 파이썬 내장 함수나 임포트한 모듈의 함수, 사용자가 정의한 함수나 익명의 람다(lambda) 함수일 수 있다.

람다 함수
람다식이라고도 하며, 프로그래밍 언어에서 익명(anonymous) 함수를 지칭하는 용어

예를 들어 세 글자 약어로 된 주 이름을 만들어 보자.

```
with_state = alco2009.reset_index()
abbrevs = with_state["State"].map(lambda x: x[:3].upper())
abbrevs.head()
>>>
0    ALA
1    ALA
2    ARI
3    ARK
4    CAL
Name: State, dtype: object
```

모든 주에 고유한 세 글자 약어를 부여하는 것은 실패했지만, 충분히 효과는 있었다!

고도로 최적화해서 병렬 처리하는 유니버설 함수와 달리 map( ) 함수에 파라미터로 전달한 함수는 파이썬 인터프리터가 실행하며 최적화할 수 없다. 이러한 특징 때문에 map( ) 함수는 상당히 비효율적이다. 다른 방법이 없을 때만 map( ) 함수를 사용하자.

5 교차 집계

교차 집계(cross-tabulation)는 그룹별 빈도를 산출하고 다른 두 카테고리 변수(팩터)를 표현하는 행과 열로 된 데이터 프레임을 반환한다. 옵셔널 파라미터 margins=True를 설정하면 이 함수는 행과 열의 소계도 계산한다.

다음 예제는 '와인 주'(평균보다 와인 소비량이 많은)와 '맥주 주'(평균보다 맥주 소비량이 많은)에 속하는 주의 공통 빈도를 산출한다.

```
wine_state = alco2009["Wine"] > alco2009["Wine"].mean()
beer_state = alco2009["Beer"] > alco2009["Beer"].mean()
pd.crosstab(wine_state, beer_state)
>>>
Beer    False  True
Wine
False    14    15
True     12    10
```

테이블의 숫자가 별로 다르지 않다면(실제로는 그렇지 않다!) 두 팩터는 서로 독립적일 가능성이 크다. 이 집계 결과는 'UNIT 47. 파이썬으로 통계 분석하기'의 '통계지표 계산' 부분에서 다시 살펴보자.

UNIT 37 Pandas 파일 입출력 다루기

DATA SCIENCE FOR EVERYONE

pandas를 군이 사용할 이유가 없다 해도 이것의 훌륭한 파일 입출력 기능은 굉장히 매력적이다. pandas의 입출력 기능은 데이터 프레임, 시리즈, CSV 파일, 테이블형 파일, 고정폭 파일, JSON 파일('UNIT 15. JSON 파일 읽기' 참고), 운영체제 클립보드 등에서 데이터 교환을 가능하게 한다. 다른 무엇보다도 pandas는 다음 기능을 제공한다.

- 자동 인덱싱 및 열 이름 추출
- 데이터 타입 추론, 데이터 변환, 결측치 탐지
- 날짜 및 시간 파싱
- '불필요한' 데이터 제거(행, 각주, 주석 건너뛰기 : 천 단위 구분자 처리)
- 데이터 묶기

1 CSV와 테이블형 파일 읽기

read_csv( ) 함수는 지정된 파일명이나 파일 핸들에서 데이터 프레임을 읽어 온다. 약 50개에 달하는 옵셔널 파라미터가 있는 이 함수는 CSV계의 스위스 군용 나이프라고 할 만하다. 앞으로는 이 함수를 CSV reader( )('UNIT 14. CSV 파일 다루기' 참고) 대신 사용할 것이다. 몇 가지 중요한 옵셔널 파라미터는 다음과 같다.

- sep 또는 delimiter : 열 구분자. 정규 표현식도 인자로 처리할 수 있다(예를 들어 r"\s+"를 인자로 지정하면 연속적 공백으로 열을 인식한다).

- header : 열로 사용할 행 넘버. 별도의 열 이름 리스트가 있다면 None을 전달한다.
- index_col : 인덱스로 사용할 열 이름. False를 전달하면 pandas가 기본 수치형 인덱스를 생성한다.
- skiprows : 파일에서 생략해야 할 첫 n번째 행이나 행 넘버 리스트
- thousands : 큰 숫자에서 천 단위 구분을 하는 데 사용된 문자
- names : 열 이름 리스트
- na_values : 결측치로서 처리할 문자열이나 문자열 리스트. 열마다 다른 문자열을 사용하고 싶다면(예를 들어 문자열 데이터에는 "n/a"를, 수치형 데이터에는 -1을 결측치로 처리하는 경우) 해당 문자열은 값, 키는 열 이름인 딕셔너리를 입력한다.

미국 주와 인구통계 기준 지역 리스트를 임포트하는 과정(161쪽에서 처음 다루었다)을 다시 해보자. 원본 CSV 파일은 규격화되어 있지만 빈칸이 많다.

```
Northeast,New England,Connecticut
,,Maine
,,Massachusetts
,,New Hampshire
,,Rhode Island
,,Vermont Northeast,Mid-Atlantic,New Jersey ,,New York
,,Pennsylvania
≪ …생략… ≫
```

이 파일에는 헤더 행이 없고 빈칸이 많지만, 우리는 열 이름과 빈칸을 어떻게 메워야 할지 이미 잘 안다.

```
# regions.csv 파일을 읽어 온다. 내려받은 region.csv 파일을 사용한다.
regions = pd.read_csv("regions.csv",
                      header=None,
                      names=("region", "division", "state"))
```

```
state2reg_series = regions.ffill().set_index("state")["region"]
state2reg_series.head()
>>>
state
Connecticut        Northeast
Maine              Northeast
Massachusetts      Northeast
New Hampshire      Northeast
Rhode Island       Northeast
Name: region, dtype: object
```

원래 state2reg는 시리즈가 아닌 딕셔너리였다. Pandas에는 모든 경우에 사용할 수 있는 변환 함수가 있다.

```
state2reg = state2reg_series.to_dict()
state2reg
>>>
{'Washington': 'West', 'South Dakota': 'Midwest', ≪…생략…≫,
 'Washington': 'West'}
```

to_csv() 함수는 데이터 프레임이나 시리즈를 다시 CSV 파일로 기록한다.

read_table() 함수는 지정된 테이블형 파일명이나 파일 핸들에서 데이터 프레임을 읽어 온다. 이 함수는 쉼표(,)가 아닌 탭(tab)을 기본 구분자로 가진 read_csv() 함수라고 할 수 있다.

2 데이터 묶기

하나의 큰 파일에서 테이블형 데이터를 조각조각 잘라서 읽어 오고 싶을 때는 데이터 묶기(data chunking)가 필요하다. 데이터 묶기를 사용할 때는 read_csv() 함수에 파라미터 chunksize(줄 수)를 넘기면 된다. 이 함수는 줄을 실제로 읽는 대신에 for 루프에서 사용할 수 있는 제너레이터를 반환한다.

regions_clean.csv 파일은 regions.csv 파일과 동일하지만 누락 없이 모든 지역과 디비전 정보를 담고 있다고 가정하자. 그리고 이 파일의 크기가 너무 커서 한 번에 다 읽어 오기에는 부담이 간다고 가정하자. 다음 코드는 이터레이션용 TextFileReader 객체와 누적 값을 계산하는 시리즈를 생성하고, CSV 파일을 5줄씩 읽는다. 각 조각에서 "region" 열을 추출하고, 그 열에 있는 모든 값의 빈도를 센다. 산출된 빈도는 누적 값 계산용 시리즈에 더한다. 누적 값 계산용 시리즈에 해당 키가 없다면 nan 값을 피하려고 옵셔널 파라미터 fill_value를 사용해 0을 입력한다. 여기서는 앞에서 사용한 regions.csv 파일로 실습한다. 원한다면 따로 CSV 파일을 만들어서 사용해도 된다.

```
# regions.csv 파일을 읽어 온다.
chunker = pd.read_csv("regions.csv", chunksize=5,
                      header=None, names=("region", "division", "state"))

accum = pd.Series()
for piece in chunker:
    counts = piece["region"].value_counts()
    accum = accum.add(counts, fill_value=0)

accum
>>>
Midwest     2.0
Northeast   2.0
South       3.0
West        2.0
dtype: float64
```

3 **다른 형태의 파일 읽기**

read_json( ) 함수는 JSON 파일에서 데이터 프레임을 읽어 온다. JSON 파일은 일반적으로 테이블형이 아니라 계층적 구조이기 때문에 JSON 데이터를 직사각형 포맷에 끼워 맞추는 것이 항상 가능하지는 않다.

read_fwf( ) 함수는 고정폭 파일에서 데이터 프레임을 읽어 온다. 이 함수는 colspecs(각 열의 시작과 끝+1 위치 값으로 된 튜플의 리스트)나 widths(열 폭의 리스트)를 사용한다.

read_clipboard( ) 함수는 시스템 클립보드에서 텍스트를 읽고 read_table( ) 함수로 전달한다. 이 함수를 사용하면 웹 페이지에 있는 테이블을 클립보드로 복사해 일회용으로 추출할 수 있다.

pandas 데이터 프레임과 시리즈는 numpy 배열에 추상화와 일관성 깊이를 더하는 편리한 데이터 컨테이너다. 데이터 프레임과 시리즈는 데이터를 읽고 쓰거나, 구조를 변경하고 결합하고 집계하거나, 간단하고 복잡한 사칙 연산을 수행하는 데 매우 유용하다. 그리고 R 언어의 데이터 프레임과는 달리 pandas 데이터 프레임의 크기는 컴퓨터 RAM 크기로 제약받지 않는다. 여러분 자신의 상상력이 그 한계를 결정한다.

★☆☆ 스라소니 밀렵

연간 캐나다 스라소니 밀렵 데이터[7]를 사용해서 10년 단위로 밀렵된 스라소니 개수를 역순으로 정렬(가장 '생산적이었던' 10년이 먼저)해서 출력하는 프로그램을 만들어 보자. 데이터 파일이 cache 디렉터리에 없다면 프로그램은 데이터 파일을 내려받아 cache 디렉터리에 저장한다. cache 디렉터리가 없을 때는 그 디렉터리를 자체적으로 생성하게 한다. 이 프로그램은 처리한 결과를 doc 디렉터리 안에 CSV 파일로 저장한다. 마찬가지로 doc 디렉터리가 없다면 자체적으로 생성해야 한다.

★★☆ 국내 총생산 vs. 알코올 소비량

위키피디아에는 1인당 알코올 소비량과 국가별 1인당 국내 총생산 등 다양한 인구통계 데이터가 들어 있다. 이 데이터를 사용해서 GDP 기준[8](평균 이상 vs. 평균 이하)과 알코올 소비량 기준[9](평균 이상 vs. 평균 이하)으로 교차 집계하는 프로그램을 짜 보자. 두 기준이 서로 연관되어 있는지 판단해 보자.

---

7 goo.gl/utXzlv

8 goo.gl/RUiLoa

9 goo.gl/qZZvNg

★★★ 날씨 vs. 알코올 소비량

주(state)별 날씨와 알코올 소비량 데이터를 결합해 보자. 교차 집계를 사용해서 음주 습관이 해당 지역의 평균 온도, 총 강우량과 관련이 있는지 확인해 보자. 다시 말해 비가 많이 올 때 사람들이 술을 더 마실까?

미국 날씨 데이터 센터 웹 사이트[10]에서 과거 날씨 데이터를 추출할 수 있다.

---

10 https://www.ncdc.noaa.gov/cdo-web/

7장

네트워크 데이터
다루기

그는 아래를 내려다보며 나머지 옷을 찬찬히 살펴보았다.
수많은 구멍이 끈으로 연결된 모양새가 아이들이 말하는
그물과 닮아 있었다.

– 몰리 로버츠(Morley Roberts), 영국 소설가이자 단편 이야기 작가

네트워크 분석은 데이터 분석에서 새롭게 등장한 분야다. 네트워크 과학은 그 이론적 방법론을 일부는 수학(그래프 이론)에서, 일부는 사회과학에서, 상당 부분은 사회학에서 가져왔다. 혹자는 여전히 네트워크 분석을 '소셜 네트워크 분석'이라고 칭하지만, 그 시각 역시 존중해야 한다.

데이터 과학의 관점에서 보면 네트워크는 서로 연결된 객체의 집합이다. 객체들을 서로 엮을 수만 있다면 우리는 온갖 종류의 수치형 혹은 비수치형(텍스트) 객체를 네트워크로 다룰 수 있다. 학문적 배경과 분석 분야에 따라서는 네트워크 객체를 노드(node), 정점(vertex), 액터(actor)로 칭하고, 객체 간 연결을 호(arc), 에지(edge), 링크(link), 묶음(tie)으로 칭한다. 네트워크를 그래프로 시각화할 수 있으며, 수학적으로 표현하는 것도 가능하다.

여러분은 이 장에서 네트워크나 비네트워크 데이터에서 네트워크를 생성하고 지표를 이해하고 분석할 것이다. 특히 네트워크 노드 중심성과 커뮤니티(community) 구조를 계산하고 해석하는 방법을 알아볼 것이다. 이 장에서 우리를 도와줄 조수는 아나콘다의 기본 모듈인 networkx와 community(https://pypi.python.org/pypi/python-louvain)로 분석을 실행하기 전에 미리 설치해야 한다('UNIT 40. NetworkX 사용하기'에서 설치한다).

UNIT 38 그래프 분해하기

DATA SCIENCE FOR EVERYONE

수학적으로 말해 그래프는 에지로 연결된 노드의 묶음이다. 에지와 노드, 그래프의 종류는 다양하며, 이들을 연결하거나 해석하는 방식도 여러 가지다. 본격적으로 그래프를 분해하기에 앞서 몇 가지 중요한 정의를 살펴보자.

그래프 요소, 타입, 밀도

에지
그래프에서 연결된 선

방향 그래프
정점 간의 연결선이
방향이 있는 그래프

멀티그래프
임의의 정점 간에
여러 연결선이 있는
그래프

그래프 안의 에지 중 하나라도 방향(direct)이 있다면(예를 들어 노드 A에서 노드 B로는 연결되지만, 그 반대는 성립하지 않는 경우) 그 그래프 자체는 방향이 있기에 방향 그래프(digraph)라고 한다. 그래프에 평행 에지(parallel edge)들이 있다면(예를 들어 노드 A와 노드 B가 2개 이상의 에지로 연결된 경우) 그 그래프는 멀티그래프(multigraph)라고 한다. 노드 A에서 시작해 그 자신에게 연결한 에지는 루프라고 한다. 루프와 평행 에지들이 없다면 그 그래프는 단순 그래프(simple graph)라고 할 수 있다.

그래프 에지에는 가중치(weight)를 부여할 수 있다. 가중치는 보통(항상 그렇지는 않다) 0에서 1 사이의 숫자다. 가중치가 크면 클수록 노드 간 연결이 강하다. 가중치를 부여한 에지로 구성된 그래프를 가중치 그래프(weighted graph)라고 한다.

에지 가중치(edge weight)는 에지 속성의 한 예다. 이외에도 에지는 수치, 불, 문자열 등 다양한 속성을 가질 수 있다. 그래프의 노드 역시 속성을 가질 수 있다.

그래프 노드의 차수(degree)는 그 노드에 연결된 에지 개수로 정의한다. 방향 그래프(directed graph)에서는 입력차수(indegree)(해당 노드로 향하는 에지 개수)와 출력차수(outdegree)(해당 노드에서 밖으로 향하는 에지 개수)를 계산할 수 있다.

그래프 밀도 d(0≤d≤1)는 해당 그래프가 **완전 그래프**(complete graph)에 얼마나 가까운지 나타내는 지표다. 완전 그래프는 거미줄 같은 그래프로 모든 노드가 서로 연결되어 있다. 예를 들어 e개의 에지와 n개의 노드를 가진 방향 그래프에서 밀도 d는 다음 수식과 같다.

$$d = \frac{e}{n(n-1)}$$

무방향 그래프(undirected graph)의 밀도 d는 다음과 같다.

$$d = \frac{2e}{n(n-1)}$$

2 그래프 구조

그래프와 그래프가 만드는 네트워크는 역동적이고 다양하며 다각적인 객체다. 먼저 용어를 알아야 이를 더 잘 이해할 수 있다.

노드 간 연결성이라는 개념은 그래프 행보(graph walk)로 확장할 수 있다. 행보 (walk)는 하나의 에지 끝이 다른 에지의 시작으로 이어지는 에지의 시퀀스다. 우리가 집 노드에서 버스를 타고 지하철역 노드 A로 이동한 후 그곳에서 지하철을 타고 다시 지하철역 노드 B로, 또 사무실 노드로 걸어서 이동한다면 그래프 행보를 완성하는 셈이다(전체 행보 중 실제로 걸어간 부분은 일부이지만 말이다). 중복되지 않는 행보를 경로(path)라고 한다(즉, 시작점과 끝점을 제외하고 같은 노드를 두 번 방문하지 않는다). 폐쇄된 경로는 루프라고 한다. 힘든 하루를 마치고 집에 다시 돌아오는 것이 바로 루프다.

현실에서 두 물체 간 거리를 계산할 수 있는 것처럼 그래프 안 두 노드 사이의 거리도 측정할 수 있다. 그 거리는 두 노드를 연결하는 데 필요한 최소한의 에지(간혹 홉(hop)이라고도 한다) 개수다. 가중치를 부여한 그래프에서는 이 정의가 통하지 않지만, 가끔 우리는 그래프의 가중치가 없다 가정하고 에지 개수를 세기도 한다. 방향 그래프에서 A에서 B까지 거리는 B에서 A까지 거리와 항상 같지는 않다. 또 A에서 B까지 갈 수 있지만 다시 돌아오지 못할 수도 있다. 출생부터 죽음까지 삶을 살아가는 것이 그 슬프고도 엄숙한 사례다.

그래프에서 두 노드 간 가장 먼 거리를 그래프의 지름(diameter)이라고 한다. 원(circle)과는 달리 그래프에는 면적이 없다.

연결된 컴포넌트(connected component) 혹은 간단히 컴포넌트라고 하는 것은 그래프 안에서 서로 경로로 연결된 노드의 집합이다. 방향 그래프에서는 강하게 연결된 컴포넌트(strongly connected component)(실제 경로로 연결된)와 약하게 연결된 컴포넌트(weakly connected component)(방향을 제거했을 때 경로로 연결된)를 구분할 수 있다.[1]

그래프에 여러 컴포넌트가 있을 때 가장 큰 컴포넌트를 거대하게 연결된 컴포넌트(GCC, Giant Connected Component)라고 한다. 많은 경우 GCC의 크기는 거대하다. 이때 비연결성(non-connectivity) 문제를 피하려면 전체 그래프 대신 GCC로 작업하는 것이 좋다.

간혹 그래프의 두 부분이 서로 연결되어 있기는 하지만 그 연결 강도가 약해 하나의 에지만 제거해서 그래프를 반으로 자를 수 있기도 하다. 이러한 에지를 브리지(bridge)라고 한다.

클릭(clique)은 모든 노드가 서로 직접적으로 연결된 노드의 집합이다. 달타냥과 삼총사처럼 "하나를 위한 모두, 모두를 위한 하나"를 신봉하는 모든 밴드가 클릭을 구성한다. 그래프에서 가장 큰 클릭을 최대 클릭(maximum clique)이라고 한다. 더 이상 다른 노드를 더해 크기를 확장할 수 없다면 이를 극대 클릭(maximal clique)이라고 한다. 최대 클릭은 언제나 극대 클릭이지만, 그 반대는 항상 성립하지 않는다. 완전 그래프는 극대 클릭이다.

스타(star)는 하나의 노드가 다른 모든 노드에 연결되지만, 다른 노드들은 서로 연결되지 않는 노드의 집합이다. 흔히 다층 구조의 계층적 시스템(예를 들어 회사나 군대, 인터넷)에서 찾아볼 수 있다.

---

1 방향 그래프에서 노드 A에서 출발해 노드 B를 거쳐 다시 노드 A로 돌아올 수 있다면, A와 B는 강하게 연결된 컴포넌트에 묶인다. 노드 A에서 노드 C로 갈 수는 있어도 돌아올 수 없다면, 강하게 연결된 컴포넌트에 묶이지 않는다. 그러나 방향을 무시하면 노드 A와 노드 C는 연결되어 있으므로 노드 A, B, C는 모두 약하게 연결된 컴포넌트에 속한다.

노드 A에 직접적으로 연결된 모든 노드의 집합을 이웃(neighborhood)(A의 G(A))
이라고 한다. 이웃은 스노우볼링(snowballing)이라는 데이터 수집 기술의 핵심이
다. 스노우볼링은 무작위로 추출한 노드에서 에지를 따라 그 이웃으로, 또 그 이
웃의 이웃(2차 이웃)으로 이동하며 데이터를 수집한다.

노드 A의 로컬 클러스터링 계수(local clustering coefficient)(혹은 클러스터링 계
수(clustering coefficient), CC(A))는 A 이웃의 모든 에지 개수(A에 직접적으로 연
결된 에지를 제외한)를 최대로 가능한 에지 개수로 나눈 값이다. 다시 말해 이는
노드 A를 제외한 A의 이웃 그래프의 밀도다. 스타의 클러스터링 계수는 0이다.
완전 그래프 안에서 모든 노드의 클러스터링 계수는 1이다. CC(A)는 G(A)가 스
타나 완전 그래프와 얼마나 유사한지 나타내는 척도로 사용할 수 있다.

네트워크 커뮤니티는 집합에서 노드 간 에지 개수가 집합 경계를 가로지르는 에
지 개수보다 많은 노드의 집합을 의미한다. 모듈러성(modularity)($m \in [-1/2, 1]$)
은 커뮤니티 구조의 질을 평가하는 지표로, 전체 커뮤니티에 속하는 에지의 비율
에서 해당 커뮤니티에 무작위로 배분될 에지의 기대 비율을 뺀 값이다. 높은 모
듈러성($m \approx 1$)을 가진 네트워크에서는 밀도가 높은 커뮤니티가 선명하게 보인다.
네트워크 분석에서 가장 중요한 결과물 중 하나는 이러한 커뮤니티를 찾아내는
것이다(다음 UNIT에서 더 자세히 알아보자).

3 중심성

중심성(centrality)은 네트워크 안에 있는 노드의 중요도를 측정하는 지표로 여러 타
입의 중심성으로 다양한 형태의 중요도를 계산할 수 있다. 편의상 중심성은 보통
0(가장 덜 중요, 주변 노드)에서 1(가장 중요, 중심 노드) 사이로 규모를 조정한다.

연결 중심성

A의 연결 중심성(degree centrality)은 A의 이웃 노드 개수로 A의 차수나 G(A) 크
기와 같다. A가 가질 수 있는 가장 많은 이웃 수(n-1)로 나누어 스케일을 조정할
수 있다.

근접 중심성

A의 근접 중심성(closeness centrality)은 다른 모든 노드에서 A로 연결된 가장 짧은 경로의 평균 길이 L_{BA}에 역수를 취한 값이다.

$$cc_A = \frac{n-1}{\sum_{B \neq A} L_{BA}}$$

매개 중심성

A의 매개 중심성(betweenness centrality)은 A를 제외한 모든 노드 쌍의 가장 짧은 경로 중에서 A를 포함하는 경로의 비율이다.

고유벡터 중심성

A의 고유벡터 중심성(eigenvector centrality)은 A에 근접한 모든 이웃의 고유벡터 중심성의 스케일된 합으로 재귀적으로 구한다.

$$ec_A = \frac{1}{\lambda} \sum_{B \in G(A)} ec_B$$

마지막 두 중심성 지표는 연산 비용이 높아 거대한 네트워크에서 계산하는 것은 실효성이 떨어질 수도 있다.

네트워크 분석 순서

DATA SCIENCE FOR EVERYONE

분석에 필요한 정의와 수식을 배웠으니 이제 네트워크 데이터 분석의 큰 그림을 살펴보자. 전형적인 네트워크 분석 순서는 다음 단계로 구성된다.

1. 네트워크 분석은 객체와 객체 간 관계를 파악하는 것에서 시작한다. 객체는 네트워크의 노드가 되고, 관계는 에지가 된다. 바이너리 형식(있거나 없거나)의 관계는 네트워크 에지를 직접적으로 표현한다. 관계가 바이너리가 아닌 이산 혹은 연속적이라면, 이를 가중치를 가진 에지로 취급하거나 가중치 없는 에지로 변환할 수 있다. 또는 설정한 임계 값보다 높은 값을 가진 관계만을 추출할 수도 있다. **임계 값**을 사용한 데이터 처리를 샘플링(sampling)이라고 한다. 임계 값은 경험이나 실질적인 정황을 고려해서 설정한다. 임계 값이 너무 높으면 네트워크가 희미하고 수많은 작은 컴포넌트로 나눈다. 임계 값이 너무 낮으면 네트워크는 커뮤니티 구조를 잃고 엉기게 된다.

임계 값
경계와 비슷한 개념으로 어떤 변화가 나타나기 시작하는 지점

2. 다양한 네트워크 지표를 계산한다. 밀도, 컴포넌트 개수, GCC 크기, 지름, 중심성, 클러스터링 계수 등을 산출한다.

3. 네트워크 커뮤니티를 탐지한다. 네트워크가 여러 커뮤니티로 나뉜다면 이들에 이름을 부여하고, 슈퍼노드(supernode)로 치환해 새롭게 도출한 네트워크에서 분석을 수행할 수 있다.

4. 마지막으로 다른 데이터 과학 실험과 마찬가지로 결과를 해석하고, 다양한 시각적 그림이 첨부된 보고서를 작성한다.

networkx 모듈은 전형적인 네트워크 분석에 필요한 거의 모든 것을 제공하지만, 부족한 것이 하나 있다. networkx가 만드는 그림은 솔직히 시각적인 매력이 없다. 더 나은 시각화를 원한다면 Gephi를 사용하자(190쪽 참고).

UNIT 40

NetworkX 사용하기

networkx 모듈은 네트워크를 생성하고 변형하고 탐구하고 시각화하고 내보내고 읽어 오는 기본적인 도구를 제공한다. 또 간단한 방향 그래프와 멀티그래프를 제공한다. 여기서는 노드, 에지, 속성을 더하고 제거해서 네트워크를 변형하는 방법과 다양한 네트워크 지표(중심성 등)를 산출하는 방법, 네트워크 커뮤니티 구조를 탐구하는 방법을 더 자세히 알아볼 것이다.

1 네트워크 생성 및 수정

위키피디아의 데이터[2]를 사용해서 국경과 그 길이에 기반한 국가 네트워크를 만들고 이를 탐구해 보자. 네트워크는 방향이 없는 그래프이며, 루프와 평행 에지도 없다. 실습용으로 내려받은 borders.py 파일을 실행해 네트워크를 구성한다.[3] 그리고 python-louvain[4]도 미리 설치해 두자(윈도 명령 프롬프트에서 pip install python-louvain 명령어로 설치한다).

```
import networkx as nx
import matplotlib.pyplot as plt

borders = nx.Graph()
not_borders1 = nx.DiGraph() # 나중을 위해 만들어 둔다.
not_borders2 = nx.MultiGraph() # 나중을 위해 만들어 둔다.
```

---

2 goo.gl/Md5aad

3 역주 내려받은 borders.py 파일을 실행하면 실행 폴더에 borders-1.graphml 파일이 생성됩니다.

4 https://pypi.python.org/pypi/python-louvain

만들어 놓은 네트워크 환경을 읽어 온다.[5]

```
borders = nx.read_graphml('borders-1.graphml')
```

개별 혹은 노드, 에지 그룹을 더하거나 빼서 기존 네트워크 그래프를 수정할 수 있다. 노드를 삭제할 때는 그와 연관된 모든 에지 역시 제거된다. 에지를 추가할 때 연결되는 노드가 그래프에 없다면 그 끝에 노드가 생성된다. 숫자나 문자열을 사용해서 노드에 이름을 붙일 수도 있다.

```
borders.add_node("Zimbabwe")
borders.add_nodes_from(["Lugandon", "Zambia", "Portugal", "Kuwait",
                        "Colombia"])
borders.remove_node("Lugandon")
borders.add_edge("Zambia", "Zimbabwe")
borders.add_edges_from([("Uganda", "Rwanda"), ("Uganda", "Kenya"),
                        ("Uganda", "South Sudan"), ("Uganda", "Tanzania"),
                        ("Uganda", "Democratic Republic of the Congo")])
```

모든 국토 영역과 영역 간 연결을 추가하면 다음과 같이 쉽게 읽을 수 있는 그래프를 얻을 수 있다.

---

5 **역주** borders.py 파일을 실행해 만들어 놓은 borders-1.graphml을 사용합니다. borders.py 파일을 실행해 borders-1.graphml을 만들지 않았다면 내려받은 예제 파일의 '실습결과물' 폴더에도 있으므로, 이 파일을 실행 폴더로 옮긴 후 실습을 진행합니다.

그림 7-1
네트워크 그래프

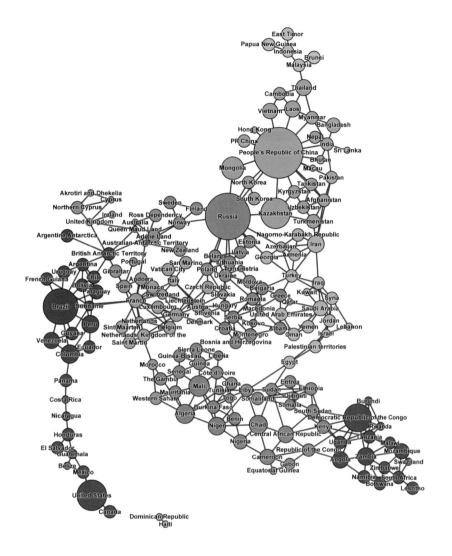

그래프의 노드 크기는 국경선의 총 길이로 색상은 네트워크 커뮤니티를 표현한다(191쪽에서 더 자세히 알아보자).

마지막으로 clear( ) 함수는 그래프에서 모든 노드와 에지를 제거한다. 이 함수를 사용할 일은 별로 없다.

네트워크 탐색 및 분석

networkx를 사용한 네트워크 분석과 탐색은 함수를 호출하고 몇 가지 속성 값을 살펴보는 것만큼이나 간단하다. 이 책에 수록된 내장 함수 len()의 수많은 레퍼런스를 생각한다면, len() 함수를 그래프에 적용했을 때 그 길이(노드 개수)가 반환된다는 것은 별로 놀랄 만한 일이 아니다.

```
len(borders)
>>>
181
```

그래프에 있는 노드 리스트는 node() 함수나 node, edge 속성으로 얻을 수 있다(edge 속성은 에지 딕셔너리도 포함한다). node와 edge 속성은 모두 읽기 전용이다. 속성에 에지나 노드를 추가해서 변형할 수 없다(변형을 시도하더라도 networkx가 이를 기록하지 않을 것이다). 에지 리스트는 edges() 함수로도 얻을 수 있다.

```
borders.nodes()
>>>
['Adélie Land', 'Australian Antarctic Territory', ≪ … 생략 … ≫,
 'Somaliland', 'Transnistria']
```

```
borders.node
>>>
{'Adélie Land': {'l': 0.0}, 'Australian Antarctic Territory': {'l': 0.0},
 ≪ … 생략 … ≫
'Qatar': {'l': 60.0}, 'Somaliland': {'l': 0.0}, 'Transnistria': {'l': 0.0}}
```

앞의 딕셔너리들은 노드의 속성을 보여 준다(이 예제에서는 국경선의 총 길이).

```
borders.edge
>>>
{'Adélie Land': {'Australian Antarctic Territory': {}, 'Australia': {}},
 ≪ … 생략 … ≫
'Somalia': {}, 'Transnistria': {'Ukraine': {}, 'Moldova': {}}}
```

edge 속성은 노드 개수만큼 있는 딕셔너리들의 딕셔너리를 반환한다. 이는 에지 속성(가중치 등)도 포함한다.

```
borders.edges()[:5]
>>>
[('Adélie Land', 'Australian Antarctic Territory'), ('Adélie Land',
  'Australia'),
('Australian Antarctic Territory', 'France'), ('Australian Antarctic
  Territory', 'Queen Maud Land'),
('Australian Antarctic Territory', 'Norway')]
```

neighbors() 함수를 사용하면 해당 노드에 이웃한 노드 리스트를 얻을 수 있다.

```
borders.neighbors("Germany")
>>>
['France', 'Austria', 'Czech Republic', 'Belgium', 'Denmark', 'Luxembourg',
 'Netherlands', 'Poland', 'Switzerland', 'Netherlands, Kingdom of the']
```

특정 노드의 차수와 입력차수, 출력차수를 계산하려면 그에 이웃한 노드 개수를 계산하거나 degree(), indegree(), outdegree() 함수를 호출한다. 별도의 파라미터 없이 이들 함수를 호출하면 노드의 이름으로 인덱스된 차수가 딕셔너리로 반환된다. 특정한 노드 이름을 파라미터로 전달하면 그 노드의 차수가 반환된다.

```
borders.degree("Poland")
>>>
7
```

```
borders.degree()
>>>
{'Adélie Land': 2, 'Australian Antarctic Territory': 6,
≪ …생략… ≫
'Portugal': 1, 'Qatar': 2, 'Somaliland': 3, 'Transnistria': 2}
```

그래서 인접한 나라가 가장 많은 나라는 어느 나라일까?

```
import pandas
degrees = pandas.DataFrame(list(borders.degree().items()),
            columns=("country", "degree")).set_index("country")
degrees.sort("degree").tail(4)
>>>
country
Brazil                        11
France                        14
Russia                        14
People's Republic of China    17
```

거대한 네트워크에서 사용하는 큰 도구

거대한 네트워크를 다루는 것은 드문 일이 아니다(페이스북 소셜 그래프에는 15.9억 개의 노드가 있다). 파이썬에 구현된 다른 모든 라이브러리처럼 networkx는 성능이 대단하지 않다. 고도로 효율적이고 병렬 처리가 가능한 네트워크 분석 도구로 NetworKit이 있다. NetworKit 개발자들이 한 말에 따르면 이 모듈은 "16개의 코어로 구성된 서버를 사용해 30억 개의 에지로 구성된 그래프에서 커뮤니티 탐지를 몇 분 내에 수행할 수 있다."[6] 이는 커뮤니티 모듈로는 꿈도 꾸지 못할 스펙이다. 또 NetworKit은 matplotlib, scipy, numpy, pandas, networkx와 결합해 사용할 수 있어 더 매력적이다.

클러스터링 계수는 방향 그래프에는 사용할 수 없지만, 필요하다면 이를 무방향 그래프로 명시적으로 변환해 산출할 수 있다. clustering() 함수는 모든 클러스터링 계수로 구성된 딕셔너리나 특정 노드의 클러스터링 계수를 반환한다.

```
nx.clustering(not_borders1) # 방향 그래프에서는 작동하지 않는다.


nx.clustering(nx.Graph(not_borders1)) # 이제 작동한다.
>>>
{ }
```

---

6 https://networkit.iti.kit.edu

```
nx.clustering(borders)
>>>
{'Adélie Land': 0.0, 'Australian Antarctic Territory': 0.0,
≪…생략…≫
'Portugal': 0.0, 'Qatar': 1.0, 'Somaliland': 1.0, 'Transnistria': 1.0}
```

```
nx.clustering(borders, "Lithuania")
>>>
0.8333333333333334
```

connected_component(), weakly_connected_components(), strongly_connected_components() 함수는 그래프에서 각각 연결된 컴포넌트(node 레이블 리스트)를 생성하는 리스트 제너레이터를 반환한다. 이 제너레이터를 이터레이터 구문(for 루프나 리스트 내포)에서 사용하거나 list() 함수를 사용해 리스트로 변환할 수 있다. 그래프 G에서 노드 리스트 n으로 구성된 부분 그래프(subgraph)가 필요하다면 subGraph(G, n) 함수를 사용해 추출할 수 있다. 혹은 connected_component_subgraphs() 같은 함수를 사용해 연결된 컴포넌트를 계산하고 그 결과로 그래프 리스트 제너레이터를 얻을 수 있다.

```
list(nx.weakly_connected_components(borders)) # 작동하지 않는다!
```

```
list(nx.connected_components(borders)) # 작동한다!
>>>
[{'Liechtenstein', 'Monaco', 'Cyprus', 'Bolivia', 'Argentina', 'Libya',
≪…생략…≫
'Palestinian territories', 'Moldova', 'Romania'}, {'Dominican Republic',
'Haiti'}]
```

```
[len(x) for x in nx.connected_component_subgraphs(borders)]
>>>
[179, 2]
```

모든 중심성 함수는 노드 라벨로 인덱스된 중심성 딕셔너리이지만 개별 노드의 중심성 값을 반환한다. 딕셔너리는 손쉽게 pandas 프레임이나 인덱스된 시리즈로 변환할 수 있다. 다음 예제에서는 여러 중심성 지표를 계산하고, 가장 높은 중심성 값을 기록한 국가를 주석으로 표기했다.

```
nx.degree_centrality(borders)        # 중국
nx.in_degree_centrality(borders)
nx.out_degree_centrality(borders)
nx.closeness_centrality(borders)     # 프랑스
nx.betweenness_centrality(borders)   # 프랑스
nx.eigenvector_centrality(borders)   # 러시아
```

3 속성 다루기

networkx 그래프와 그 노드, 에지 속성은 딕셔너리로 구현되었다. 그래프는 노드에 접근하는 딕셔너리 인터페이스를 제공한다. 노드에는 에지에 접근할 수 있는 딕셔너리 인터페이스가 있다. add_node(), add_nodes_from(), add_edges(), add_edges_from() 함수에 속성 이름이나 값을 옵셔널 파라미터로 전달할 수 있다.

---

7 https://gephi.org

```
# 에지 속성 값
borders["Germany"]["Poland"]["weight"] = 456.0

# 노드 속성 값
borders.node["Germany"]["area"] = 357168
borders.add_node("Penguinia", area=14000000)
```

nodes()와 edges() 함수에 옵셔널 파라미터 data=True를 전달하면 노드와 에지가 모든 속성과 함께 반환된다.

```
borders.nodes(data=True)
>>>
[('Adélie Land', {'l': 0.0}), ('Australian Antarctic Territory', {'l': 0.0}),
≪…생략…≫
('Somaliland', {'l': 0.0}), ('Transnistria', {'l': 0.0}), ('Penguinia',
{'area': 14000000})]


borders.edges(data=True)
>>>
[('Adélie Land', 'Australian Antarctic Territory', {}), ('Adélie Land',
 'Australia', {}),
≪…생략…≫
('Oman', 'UNITed Arab Emirates', {}), ('Oman', 'Yemen', {}), ('UNITed
 Arab Emirates', 'Qatar', {})]
```

4 클릭과 커뮤니티 구조

find_cliques()와 isolates() 함수는 극대 클릭과 고립된 노드(isolates)(차수가 0인 노드)를 탐지한다. find_cliques() 함수는 방향 그래프용으로 구현되어 있지 않다(방향 그래프를 먼저 무방향 그래프로 변환해야 한다). 이 함수는 다음과 같이 노드 리스트 제너레이터를 반환한다.

```
nx.find_cliques(not_borders1) # 방향 그래프에서 사용할 수 없다!
```

```
nx.find_cliques(nx.Graph(not_borders1)) # 무방향 그래프로 바꾸면 사용할 수 있다!
list(nx.find_cliques(borders))
```
```
>>>
[['Liechtenstein', 'Switzerland', 'Austria'], ['Cyprus',
  'Northern Cyprus', 'Akrotiri and Dhekelia'],
≪…생략…≫
['Cambodia', 'Vietnam', 'Laos'], ['Bangladesh', 'India', 'Myanmar'],
['Penguinia']]
```

```
nx.isolates(borders)
```
```
>>>
['Penguinia']
```

커뮤니티를 탐지하는 모듈인 community는 아나콘다 배포판에 포함되어 있지 않아 별도로 설치해야 한다(앞에서 이미 설치했다). 이 모듈은 방향 그래프를 지원하지 않는다.

best_partition() 함수는 루벤(louvain) 알고리즘을 사용해 커뮤니티 파티션을 반환한다. 파티션은 노드 레이블을 키로, 커뮤니티 순번을 값으로 가진 딕셔너리다. modularity() 함수는 파티션의 모듈러성을 출력한다.

```
import community
partition = community.best_partition(borders)
partition
```
```
>>>
{'Adélie Land': 0, 'Australian Antarctic Territory': 0, 'Australia': 0,
≪…생략…≫
'Yemen': 2, 'Portugal': 0, 'Qatar': 2, 'Somaliland': 4, 'Transnistria':
3, 'Penguinia': 8}
```

```
community.modularity(partition, borders)
```
```
>>>
0.6025936942296253
```

모듈러성이 너무 낮으면(≪0.5), 네트워크는 선명한 커뮤니티 구조를 잃게 된다.

5 입출력

입출력 함수를 사용하면 파일에서 네트워크 데이터를 읽어 오거나 파일에 데이터를 기록할 수 있다. 파일을 열고 닫는 것을 우리가 직접 해야 한다(필요하다면 생성도 해야 한다). 몇몇 함수는 바이너리 모드에서 열린 파일을 요구하기도 한다. 경우에 따라 어떤 함수가 필요한지 표 7-1에서 찾아보자.

표 7-1
NetworkX의 입출력
함수들

데이터형	읽기	쓰기	파일 확장자
Adjacent list	read_adjlist(f)	write_adjlist(G, f)	–
Edge list	read_edgelist(f)	write_edgelist(G, f)	–
GML	read_gml(f)	write_gml(G, f)	.gml
GraphML	read_graphml(f)	write_graphml(G, f)	.graphml
Pajek	read_pajek(f)	write_pajek(G, f)	.net

```
with open("borders-1.graphml", "wb") as netfile:
  nx.write_pajek(borders, netfile)
with open("file.net", "rb") as netfile:
  borders = nx.read_pajek(netfile)
```

일부 파일 포맷에서는 몇 가지 네트워크 기능을 제공하지 않는다. Gephi 웹 사이트[8]에서 다양한 포맷과 기능을 알아보고, 여러분의 그래프에 적합한 출력 포맷을 선택하자.

---

8 goo.gl/xKgx8v

네트워크 분석은 전염성이 굉장히 강하다. 한 번 배우기만 하면 여러분은 온갖 곳에서 네트워크를 보기 시작할 것이다. 심지어 셰익스피어[9] 작품에서도 말이다. 네트워크, 중심성, 커뮤니티 관점에서 바라보는 것은 여러분의 데이터 분석 기술에 깊이를 더해 줄 것이다. 그러니 꾸준히 연습해서 실력을 갈고 닦자.

★☆☆ 중심성 상관성

스탠포드대학교 대규모 네트워크 데이터셋 컬렉션(출처 : 쥬어 레스코백(J. Leskovec) & 안드레이 크레블(A. Krevl))[10]에서 Epinions.com 사용자의 소셜 네트워크 그래프를 내려받고, 열 번째로 큰 커뮤니티를 추출하자. 이 장에서 언급한 모든 네트워크 중심성 지표 간 상관성을 계산하고 출력하는 프로그램을 만들어 보자(재미있게 하려고 클러스터링 계수를 추가해도 좋다). 모든 중심성 값은 pandas의 데이터 프레임에 저장할 것을 권장한다. 필요하다면 220쪽 '통계지표 계산'에서 상관성을 계산하는 방법을 참고할 수 있다.

어떤 중심성 쌍이 상관성이 높은가?

★★☆ 셰익스피어 작품

윌리엄 셰익스피어 전집은 MIT[11]에서 구할 수 있다. 전체 작품과 가장 많이 사용한 형태소(불용어 제외) 100개의 네트워크를 생성하는 프로그램을 짜 보자. 형태소를 작품에 사용하면 형태소-작품이 연결되고, 그 형태소 빈도는 에지의 가중치가 된다. 그리고 이 프로그램은 네트워크 안의 커뮤니티를 탐지하고, 커뮤니티별로 모듈러성과 소속 노드를 출력한다.

출력된 파티션은 여러분의 셰익스피어 상식에 부합하는가?

---

9 goo.gl/3n3ljJ

10 http://snap.stanford.edu/data/soc-Epinions1.html

11 http://shakespeare.mit.edu

★★☆ **경계 네트워크**

위키피디아 데이터와 networkx, Gephi를 사용해서 주(state)와 주 경계로 네트워크를 재구축하고, 노드 크기와 커뮤니티를 표현해 보자(차후에 Gephi가 노드 크기와 색상을 조정할 수 있도록 노드 속성을 입력하자).

8장

플로팅하기

"나는 나를 위해 플롯을 꾸미고,
다른 사람의 계획에는 훼방을 놓지."
트레샴이 비밀스럽게 대답했다.

– 윌리엄 해리슨 에인즈워스(William Harrison Ainsworth),
영국 역사 소설가

데이터 시각화는 탐색적 데이터 분석이나 예측에서 핵심적인 부분으로 보고서를 작성할 때 가장 중요한 부분이다. 솔직히 말해 그림이 없는 보고서를 읽고 싶은 사람은 없다. 심지어 다음 그림의 우아한 사인파처럼 내용과 상관없는 그림이라 할지라도 말이다.

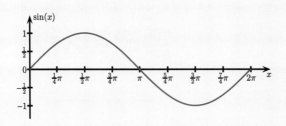

프로그래밍으로 시각화하는 방법은 세 가지가 있다. 점진적 플로팅(incremental plotting)은 처음에는 빈 캔버스에서 시작해 시각화에 특화된 함수들을 사용해서 그래프와 축, 레이블, 범례 등을 점진적으로 채워 나간다. 마지막으로 완성한 플롯 이미지를 출력하고 이를 파일에 저장한다. 점진적 플로팅 도구에는 R 언어의 plot( ) 함수, 파이썬의 pyplot 모듈과 명령줄 플로팅 프로그램인 gnuplot이 있다.

일체식 플로팅(monolithic plotting)은 그래프, 차트, 축, 레이블, 범례 등 모든 필요한 파라미터를 플로팅 함수에 전달한다. 플롯을 그리고 꾸미고, 최종 플롯을 저장하는 과정을 한 번에 처리한다. 일체식 플로팅 도구에는 R 언어의 xyplot( ) 함수가 있다.

마지막으로 레이어드 플로팅(layered plotting)은 시각화 대상과 방법, 부가적으로 추가할 특징을 가상의 '레이어(layer)'로 표현한다. 플롯 객체에 필요한 만큼 레이어를 추가하는 식이다. 레이어드 플로팅 도구에는 R 언어의 ggplot( ) 함수가 있다(미적 호환성을 위해 파이썬의 matplotlib 모듈은 ggplot 플로팅 스타일을 지원한다).

이 장에서는 pyplot으로 점진적 플로팅을 하는 방법을 자세히 알아볼 것이다.

UNIT 41

pyplot으로 기본 플롯 그리기

numpy와 pandas에서는 matplotlib 모듈에서 플로팅을 제공하며, matplotlib은 pyplot의 하위 모듈이다.

154쪽에서 데이터 프레임에 저장했던 NIAAA 현황 보고서를 다시 불러오는 것으로 pyplot 실습을 시작해 보자. 시간 흐름에 따라 주와 알코올 종류에 따른 소비량이 어떻게 달라지는지 플로팅하자. 안타깝게도 점진적 플로팅 시스템을 사용하면 항상 그렇듯이 함수 하나만으로는 플로팅을 끝낼 수 없다. 다음 예제를 살펴보자. 전체 코드를 나누어서 살펴본다.

pyplot-images.py

```python
import matplotlib, matplotlib.pyplot as plt
import pickle, pandas as pd

# 앞에서 NIAAA 데이터 프레임을 pickle에 저장해 두었다.[1]
alco = pickle.load(open("alco.pickle", "rb"))
del alco["Total"]
columns, years = alco.unstack().columns.levels

# 파일에서 축약된 주 이름을 읽어 온다.
states = pd.read_csv("states.csv", index_col="State")

# 2009년을 기준으로 알코올 소비량을 정렬한다.
frames = [pd.merge(alco[column].unstack(), states,
                   left_index=True, right_index=True).sort_values(2009)
          for column in columns]
```

---

1 역주 앞에서 alco.pickle을 만들지 않았다면 내려받은 예제 파일에서 '실습결과물' 폴더의 alco.pickle을 실행 폴더로 복사한 후 실습합니다.

```
# 데이터의 총 기간은 몇 년인가?
span = max(years) - min(years) + 1
```

코드의 첫 번째 부분은 필요한 모든 모듈과 데이터 프레임을 임포트한다. 그리고 NIAAA 데이터와 축약된 주 이름 데이터를 하나의 데이터 프레임으로 합치고, 이를 알코올 타입에 따라 세 가지 데이터 프레임으로 분리한다. 다음 코드는 플로팅을 관장한다.

```
# 적절해 보이는 스타일을 선택한다.
matplotlib.style.use("ggplot")

STEP = 5

# subplot에 각 데이터 프레임을 시각화한다.
for pos, (draw, style, column, frame) in enumerate(zip(
❶          (plt.contourf, plt.contour, plt.imshow),
           (plt.cm.autumn, plt.cm.cool, plt.cm.spring),
           columns, frames)):

    # 2개의 행과 2개의 열이 있는 subplot을 선택한다.
❷  plt.subplot(2, 2, pos + 1)

    # 데이터 프레임을 시각화한다.
❸  draw(frame[frame.columns[:span]], cmap=style, aspect="auto")

    # 플롯을 꾸민다.
❹  plt.colorbar() plt.title(column)
    plt.xlabel("Year")
    plt.xticks(range(0, span, STEP), frame.columns[:span:STEP])
    plt.yticks(range(0, frame.shape[0], STEP), frame.Postal[::STEP])
    plt.xticks(rotation=-17)
```

imshow( ), contour( )와 contourf( ) 함수(❶)는 행렬을 이미지, 외곽선 플롯과 채워진 외곽선 플롯으로 표현한다. 같은 서브플롯(subplot)에서 3개의 함수를 동시에 사용하지 말자. 그 전에 그린 플롯을 새로운 플롯으로 덮어쓰기 때문에 이렇게 하려는 의도가 아니라면 사용하지 않는 것이 좋다. 옵셔널 파라미터 cmap(❸)으로 플롯에 적용할 팔레트(palette) 프리셋을 선택할 수 있다.

같거나 다른 타입의 여러 서브플롯을 하나의 마스터 플롯에 넣을 수 있다(❷). subplot(n, m, number) 함수는 마스터 플롯에서 n개의 가상 행과 m개의 가상 열로 파티션을 나누고, 서브플롯 개수 number를 지정한다. 서브플롯들은 열-행 순으로 1부터 순번을 정한다(왼쪽 위 서브플롯을 1, 오른쪽 위 서브플롯을 2 식으로 순번을 매긴다). 모든 플로팅 명령어는 가장 최근에 선택된 서브플롯에만 적용한다.

이미지 플롯의 시작점은 왼쪽 위 코너에 있으며, Y축은 아래로 향한다(컴퓨터 그래픽에서 플로팅 방식). 하지만 다른 모든 이미지 플롯의 시작점은 왼쪽 아래 코너에 있으며, Y축이 위로 향한다는 것을 기억하자(수학에서 플로팅 방식). 또 기본 값으로 같은 데이터에서 이미지 플롯과 외곽선 플롯은 각각 해상도가 서로 달라 이들을 비슷하게 만들려면 aspect="auto" 옵션을 전달해야 한다.

colorbar( ), title( ), xlabel( ), ylabel( ), grid( ), xticks( ), yticks( ), tick_params( ) 함수(❹)는 플롯을 꾸미는 데 사용한다('UNIT 43. 플롯 꾸미기'에서 다시 살펴보자). grid( ) 함수를 사용하면 플롯의 그리드를 끄거나 켤 수 있어 최초 플롯이 그리드를 가지고 있든 없든 간에 플로팅 스타일에서 이를 조정할 수 있다.

tight_layout( ) 함수는 서브플롯들을 더 깔끔하게 보이도록 조정한다. 다음 플롯들을 살펴보자.

pyplot-images.py
```
plt.tight_layout()
plt.savefig("pyplot-all.pdf")
#plt.show()
```

그림 8-1

pyplot-images.py
실행 결과

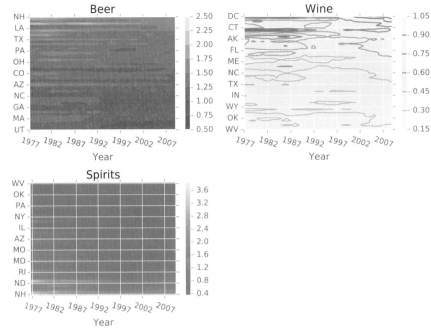

savefig( ) 함수는 현재 플롯을 파일에 저장한다. 이 함수는 파일명이나 오픈 파일 핸들을 첫 번째 파라미터로 받는다. 파일명을 전달하면 savefig( ) 함수는 파일 확장자에서 이미지 포맷을 추측하려고 시도한다. 이 함수는 잘 알려진 다양한 이미지 파일 포맷을 지원하지만, GIF는 예외다.

show( ) 함수는 스크린에 플롯을 뿌린다. 이 함수를 사용해서 캔버스를 초기화할 수도 있지만, 이때는 그냥 clf( ) 함수를 호출하면 된다.

UNIT
42
다른 플롯 타입 알아보기

DATA SCIENCE FOR EVERYONE

외곽선과 이미지 플롯 이외에도 pyplot은 일반적인 다양한 플롯 타입도 지원한다. 바 플롯, 박스 플롯, 히스토그램, 파이 차트, 라인 플롯, 로그와 로그-로그 플롯, 스캐터 플롯, 폴라 플롯, 스텝 플롯 등이 있다. 온라인 pyplot 갤러리[2]에서 수많은 플로팅 예제를 찾을 수 있다. pyplot의 플로팅 함수 일부를 표 8-1에서 살펴보자.

표 8-1
몇 가지 pyplot 플롯 타입

플롯 타입	함수
수직 바 플롯	bar()
수평 바 플롯	barh()
"위스커"가 붙은 박스 플롯	boxplot()
오류 바 플롯	errorbar()
히스토그램(수직 혹은 수평)	hist()
로그-로그 플롯	loglog()
X축 로그 플롯	semilogx()
Y축 로그 플롯	semilogy()
파이 차트	pie()
라인 플롯	plot()
날짜 플롯	plot_dates()
폴라 플롯	polar()
스캐터 플롯(크기와 색상 조절 가능)	scatter()
스텝 플롯	step()

---

2 http://matplotlib.org/gallery.html

UNIT
43 플롯 꾸미기

DATA SCIENCE FOR EVERYONE

pyplot을 사용하면 플로팅의 상당 부분을 조정할 수 있다.

xscale(scale)과 yscale(scale) 함수를 사용해서 축 스케일("linear" vs. "log")을 설정할 수 있고, xlim(xmin, xmax)와 ylim(ymin, ymax) 함수로 축의 범위를 지정할 수 있다.

또 annotate() 함수로 메모를 달고, arrow() 함수로 화살표를 표기하고, legend() 함수로 범례를 추가할 수 있다. 더 많은 꾸미기 기능과 파라미터의 정보는 pyplot 개발 문서를 참고하면 된다. 우리에게 익숙한 NIAAA 그래프에 화살표와 메모, 범례를 추가해 보자.

pyplot-legend.py
```python
import matplotlib, matplotlib.pyplot as plt
import pickle, pandas as pd

# 앞에서 NIAAA 데이터 프레임을 pickle로 저장해 두었다.
alco = pickle.load(open("alco.pickle", "rb"))

# 플로팅에 쓸 데이터를 준비한다.
BEVERAGE = "Beer"
years = alco.index.levels[1]
states = ("New Hampshire", "Colorado", "Utah")

# 적절한 스타일을 고른다.
plt.xkcd() matplotlib.style.use("ggplot")

# 차트를 그린다.
for state in states:
    ydata = alco.ix[state][BEVERAGE]
    plt.plot(years, ydata, "-o")
```

```
# 화살표와 메모를 추가한다.
plt.annotate(s="Peak", xy=(ydata.argmax(), ydata.max()),
             xytext=(ydata.argmax() + 0.5, ydata.max() + 0.1),
             arrowprops={"facecolor": "black", "shrink": 0.2})
```

```
# 레이블과 범례를 추가한다.
plt.ylabel(BEVERAGE + " consumption")
plt.title("And now in xkcd...")
plt.legend(states)
```

```
plt.savefig("pyplot-legend-xkcd.pdf")
```

다음 라인 플롯은 3개의 주에서 맥주 소비량 변화를 보여 준다(맥주 소비량이 가장 많고, 적고, 중간인 주를 선정했다).

그림 8-2
3개의 주에서 맥주 소비량 변화

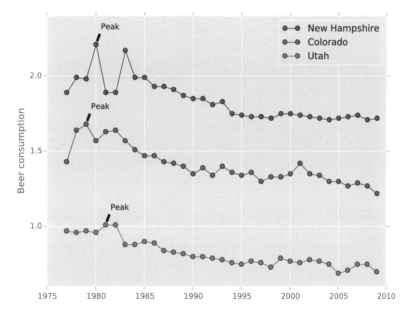

유니코드 메모
플롯이 유니코드 문자를 포함한다면 텍스트를 플롯에 뿌리기 전에 기본 폰트 설정을 바꾸는 것이 좋다. 플로팅 스크립트의 첫 줄에서 matplotlib.rc("font", family="Arial")을 호출하면 된다.

마지막으로 xkcd( ) 함수를 사용해 요즘 인터넷 만화에서 유행하는 xkcd[3] 스타일로 pyplot 플롯의 스타일을 바꿀 수 있다(이 함수는 자신이 호출된 이후에 추가한 플롯 요소에만 적용된다). 어떤 이유에서 플롯을 포스트 스크립트(PostScript) 파일로는 저장할 수 없지만, 그 외의 형식으로는 모두 가능하다. 그러나 xkcd 스타일의 플롯을 공적인 프레젠테이션에서 사용하는 것은 가급적 지양하면 좋겠다. 다음과 같이 꼭 만취한 사람이 그린 플롯 같기 때문이다. 물론 프레젠테이션 자체가 알코올 소비량과 관련된 것이라면 상관없을지도 모르겠다.

그림 8-3
pyplot-legend.py
실행 결과

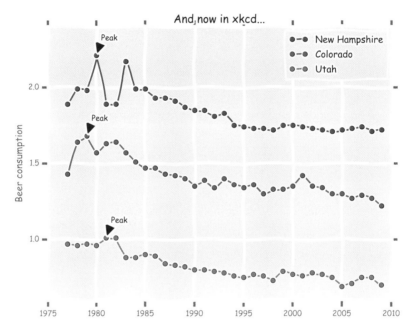

pyplot 모듈은 그 자체로 쓸 만하다. 하지만 다음에 살펴볼 pandas와 함께 쓰면 더 훌륭하다.

---

3 https://xkcd.com

UNIT 44 Pandas로 플롯 그리기

pandas 데이터 프레임과 시리즈 모두 pyplot을 이용한 플로팅을 지원한다. plot( ) 함수를 파라미터 없이 호출하면 시리즈나 데이터 프레임의 모든 열을 라인 플롯으로 그린다. 옵셔널 파라미터 x와 y를 입력하면 plot( ) 함수가 x축과 y축을 기준으로 플롯을 그린다.

또 pandas는 옵셔널 파라미터 kind를 이용해서 다른 타입의 플롯도 지원한다. 허용하는 파라미터 값에는 "bar"와 "barh"(바 플롯), "hist"(히스토그램), "box"(박스 플롯), "ode"(밀도 플롯), "area"(영역 플롯), "scatter"(스캐터 플롯), "hexbin"(육각함 플롯), "pie"(파이 차트)가 있다. 모든 플롯은 범례, 색상 바, 점 크기(옵션 s), 색상(옵션 c) 등 다양한 꾸미기 기능도 지원한다.

예를 들어 NIAAA 감시 보고서에서 전체 기간 동안 뉴햄프셔 주 와인과 맥주 소비량이 어떻게 변했는지 플롯으로 그려 보자. 연도에 따라 데이터 포인트의 색상을 다르게 칠하자.

scatter-plot.py

```python
import matplotlib, matplotlib.pyplot as plt
import pickle, pandas as pd

# 앞에서 NIAAA 데이터 프레임을 pickle로 저장해 두었다.
alco = pickle.load(open("alco.pickle", "rb"))

# 적절한 스타일을 고른다.
matplotlib.style.use("ggplot")

# 스캐터 플롯을 그린다.
STATE = "New Hampshire"
statedata = alco.ix[STATE].reset_index()
statedata.plot.scatter("Beer", "Wine", c="Year", s=100, cmap=plt.cm.autumn)
```

```
plt.title("%s: From Beer to Wine in 32 Years" % STATE)
plt.savefig("scatter-plot.pdf")
```

scatter-plot.py 결과로 나온 플롯에서 32년간 뉴햄프셔 주가 점차 맥주 소비를 줄이고 와인을 선호하는 추세로 변하는 것을 눈으로 확인할 수 있다. 그 전환 과정이 고통스럽거나 인구 감소를 동반하지 않았기를 바란다.

그림 8-4

scatter-plot.py 실행 결과

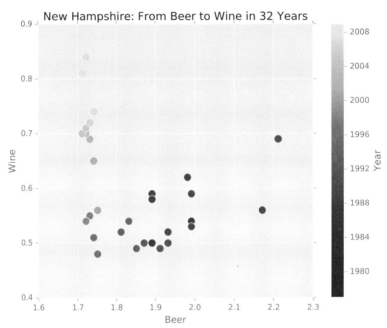

하위 모듈인 pandas.tools.plotting을 살펴보면서 플로팅 투어를 마무리하자. 이 모듈은 andrews_curves()(앤드류스 커브), lag_plot()(래그 플롯)과 autocorrelation_plot()(자기상관 플롯) 등의 함수를 제공하지만, 무엇보다도 산포행렬(scatter matrix) 기능을 제공한다. 산포행렬은 훌륭한 데이터 탐색 도구다. scatter_matrix() 함수로 구현되는 이 기능은 주 대각선에 각 열의 히스토그램을 표시하고, 다른 행렬 셀에는 두 열의 조합으로 구성되는 스캐터 플롯을 그린다.

scatter-matrix.py
```
from pandas.tools.plotting import scatter_matrix
import matplotlib, matplotlib.pyplot as plt
import pickle, pandas as pd
```

```
# 앞에서 NIAAA 데이터 프레임을 pickle로 저장해 두었다.
alco = pickle.load(open("alco.pickle", "rb"))

# 적절한 스타일을 고른다.
matplotlib.style.use("ggplot")

# 산포행렬을 그린다.
STATE = "New Hampshire"
statedata = alco.ix[STATE].reset_index()
scatter_matrix(statedata[["Wine", "Beer", "Spirits"]],
                    s=120, c=statedata["Year"], cmap=plt.cm.autumn)

plt.tight_layout()
plt.savefig("scatter-matrix.pdf")
```

이전과 마찬가지로 뉴햄프셔 주의 알코올 소비 습관을 다시 들여다보고 있지만,
이번에는 세 가지 알코올 타입과 6개의 알코올 쌍, 32개의 연도 데이터를 하나의
차트에서 한눈에 확인할 수 있다.

그림 8-5

scatter-matrix.py
실행 결과

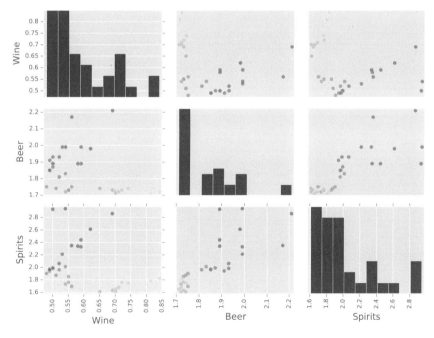

데이터 플로팅(일반적으로 데이터 시각화)은 보기 좋은 떡에 그치지 않는다. 한 장의 그림이 천 마디 말보다 낫다는 말은 괜히 있는 것이 아니다. 데이터 과학에서는 한 장의 그림이 100만 개 혹은 1억만 개 관측치의 값을 하기도 한다. 여러분에게 데이터 시각화는 데이터 탐색(여러분 스스로를 도와주는)과 발표(동료와 데이터 수요자를 배려하는)를 할 수 있는 강력한 도구를 선사한다.

★☆☆ 아메리칸 파이

영문 첫 글자를 기준으로 미국의 주를 세어서 이를 파이 차트로 출력하거나 PDF 파일로 저장하는 프로그램을 짜 보자. http://www.stateabbreviations.us에서 주 전체 이름이나 약칭 정보를 얻을 수 있다.

★★☆ 캘리포니아 인구

미국 인구통계 데이터[4]를 사용해서 2001년부터 2008년까지 캘리포니아 주의 인구가 어떻게 변화했는지 시각화해 보자(전체 미국 인구에 비해).

---

4 goo.gl/r5OwRB

9장

확률과 통계

이 엄청나게 많은 통계 정보를 몇 가지
중요한 사실로 요약하겠습니다.
제가 다 외우기에는 지표나 차트가 너무 많군요.

– 마크 트웨인(Mark Twain), 미국 작가

확률 이론과 통계는 무작위적인 숫자나 변수 등 샘플의 형태를 취하는 무작위적인 현상을 연구한다.

확률 이론은 무작위 샘플의 기원, 생산과 연관되어 있다. 우리는 적절한 확률 분포에서 무작위 샘플을 도출하고, 이를 활용해 다음 작업을 수행한다.

- 모델 테스팅에 쓸 원본 데이터를 합성해서 만들어 낸다('UNIT 30. 합성 사인파 만들기'에서 했듯이).
- 원본 데이터를 트레이닝셋과 테스트셋으로 분리한다('UNIT 48. 예측 실험 디자인하기'에서 더 자세히 알아본다).
- 무작위 머신 러닝 알고리즘을 지원한다('UNIT 51. 랜덤 포레스트에서 살아남기'에서 다룰 랜덤 포레스트 등)

이와 반대로 통계는 이미 획득한 무작위 샘플의 특성을 연구하는 데 더 집중한다. 실험적인 원본 데이터는 항상 불확실성과 예측 불가능성을 내포한다. 우리는 다양한 통계적 방법을 사용해 종속 변수의 특징과 종속-독립 변수 간 관계를 분석할 것이다.

확률과 통계는 수학의 한 분야로, 그 광대한 규모를 자랑한다. 이 책에서 다루는 한 장만으로는 확률과 통계를 충분히 배울 수 없다. 사실 여러분은 이미 확률과 통계를 어느 정도는 알고 있다. 여기서는 확률과 통계의 주요 콘셉트를 다시 돌아보고 요약할 것이다. 몇 가지 확률 이론에서 시작해 다양한 통계적 지표에서 수학적 정의를 살펴보고, 파이썬으로 계산해 보면서 마무리하자.

확률 분포 다시 보기

확률 분포는 각 난수(이산 확률 분포)나 난수 범위(연속 확률 분포)에 확률을 부여한다. 다시 말해 확률 분포는 어떤 결과 값이 다른 값보다 그럴 듯한지 알려 준다. 흔히 볼 수 있는 확률 분포에는 균등 분포(연속 & 이산), 정규 분포(연속), 이항 분포(이산)가 있다.

확률 질량 함수(probability mass function)(이산 분포에 쓰임)나 확률 밀도 함수(probability density function)(연속 분포에 쓰임)를 사용해 확률 분포를 만들 수 있다. 확률 밀도 함수는 랜덤 변수가 특정 값을 취할 상대적인 확률을 표현하고, 확률 질량 함수는 이산적인 랜덤 변수가 특정 값과 정확히 일치할 확률을 계산한다. 그림 9-1은 확률 밀도 함수(위쪽)와 확률 질량 함수(아래쪽)로 잘 알려진 확률 분포 몇 가지를 시각화한 것이다(말할 필요 없이 'UNIT 41. pyplot으로 기본 플롯 그리기'에서 배운 pyplot으로 플로팅했다).

그림 9-1
다양한 확률 분포

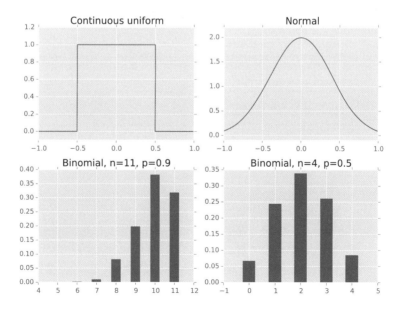

균등 분포

균등 분포(uniform distribution)는 모든 결과 값의 확률이 같은 분포다. 결과로 얻을 수 있는 값의 범위를 알 때 숫자로 된 랜덤 변수를 표현하려고 보통 균등 분포를 사용한다.

정규 분포

정규 분포(normal distribution)는 가우시안 분포(Gaussian distribution) 혹은 벨커브(bell curve)라고도 하며, 실제 값의 평균과 표준편차는 알지만 그 분포는 알지 못할 때 실수로 된 랜덤 변수를 표현하려고 사용한다.

이항 분포

이항 분포(binomial distribution)는 0부터 1 사이 확률로 성공(앞면)이 발생하는 n개의 연속적인 독립 이진 시행(동전 던지기)에서 성공 횟수를 표현하는 확률 분포다. 성공의 기댓값은 n×p다. n=1일 때, 이항 분포는 베르누이 분포(Bernoulli distribution)가 된다.

베르누이 분포
이항 분포의 특수한 사례로 매 시행마다 두 가지의 결과만 일어난다고 할 때 확률 변수 X가 따르는 확률 분포

정규 분포를 따르는 랜덤 변수는 성공 확률이 0.5이며 시행 횟수가 무한히 많은 이항 분포 변수다. 다시 말해 정규 분포를 따르는 랜덤 변수는 무한히 많은 같은 이진 확률의 누적이라고 할 수 있다.

롱테일

몇몇 확률 분포(예를 들어 지프(Zipf)의 법칙이나 멱 법칙(power law)이라고도 하는 파레토(pareto) 등)는 '긴 꼬리'를 가지고 있다. 분포의 확률 밀도 함수가 왼쪽이나 오른쪽으로 길게 늘어진 모양은 꼬리가 울퉁불퉁하고 긴 동물을 닮았다. 롱테일은 평균에서 멀리 떨어진 값이라도 발생할 확률이 있고, 우리가 가진 데이터에도 등장할 수 있다는 것을 의미한다.

실제 원본 데이터에는 이론적인 분포가 들어맞거나 맞지 않을 수 있다. 그러나 들어맞지 않더라도 다양한 통계지표를 산출해 중요한 결론을 이끌어 낼 수 있다. 다음 UNIT에서 더 자세히 알아보자.

통계 방법론 다시 보기

탐색적 데이터 과학(비–추론 기반)의 관점에서 보면 통계는 네 가지 중요한 질문에 답을 준다.

데이터가 어디에 분포되어 있는가?

샘플 평균은 전체 관측치의 평균값이다.

$$\bar{x} = \sum x_i / N$$

데이터의 분포가 정규 분포(종 모양)에 가깝고 표준편차가 작을 때 샘플 평균을 사용해서 전체 샘플을 표현할 수 있다.

데이터의 분포가 얼마나 밀집되어 있는가?

샘플의 표준편차는 데이터가 분산된 정도를 나타내며, 샘플 평균까지 거리 제곱의 평균에 제곱근을 씌워 계산한다.

$$s_x = \sqrt{\frac{\sum (x_i - \bar{x})^2}{N-1}}$$

높은 S_x 값은 데이터가 넓게 분포되어 있다는 것을 의미한다.

데이터의 분포가 얼마나 쏠려 있는가?

최빈값

대표 값 중 하나로 자료의 변량 중에서 가장 많이 나타나는 것을 그 자료의 최빈값이라고 함

샘플의 비대칭도(skewness)는 확률 분포의 비대칭성을 나타내는 지표다. 비대칭도가 0인 분포는 완전히 대칭적이다. 단봉 분포(unimodal distribution)(**최빈값**이 하나인 분포)에서는 음수인 비대칭도는 확률 밀도 함수의 왼쪽 꼬리가 오른쪽 꼬리보다 길다는 것을 의미한다.

두 변수가 서로 연관되어 있는가?

공분산

둘 이상의 변량이 연관성을 가지며 분포하는 모양을 전체적으로 나타낸 분산

샘플 공분산은 두 랜덤 변수가 얼마나 함께 변화하는지 나타내는 지표다. 랜덤 변수 X와 그 자신의 공분산을 분산이라고 하며, 이는 s^2으로 간단히 구할 수 있다 (표준편차의 제곱).

$$q_{xy} = \frac{\sum \left(x_i - \bar{x} \right) \left(y_i - \bar{y} \right)}{N - 1}$$

피어슨 상관 계수(Pearson correlation coefficient)는 정규화된 공분산 지표로 상관 계수나 상관성이라고도 한다.

$$r_{xy} = \frac{\sum \left(x_i y_i - N \overline{xy} \right)}{(N-1) s_x s_y}$$

상관성은 항상 −1에서 1 사이에 위치한다. 표 9−1을 살펴보자. 높은 상관성은 변수들이 서로 연관되어 있음을 의미한다. 낮은 상관성은 변수들이 반대 방향으로 연관되어 있음을 나타낸다. 상관성이 0일 때 변수들은 선형적으로 연관되어 있지 않다.

표 9−1
두 변수 간 선형적 관계의 종류

	r≫0	r=0	r≪0
p≤.01	유의미한 음의 상관관계	선형적 관계 없음	유의미한 양의 상관관계
p>.01	−		

유의미한 상관관계라도 인과관계를 의미하지는 않는다. 높은 상관성은 두 변수가 공통 원인(교란 변수)을 가질 때나 우연으로 발생하기도 한다. 낮이 길고 밤이 짧을수록 익사자 수가 증가하는데, 이는 낮이 길어서가 아니라 낮이 길고 더 많은 사람이 수영을 하러 가는 여름이기 때문이다!

마찬가지로 선형 상관성이 유의미하지 않더라도 두 변수 간에 관계가 없다고 할 수 없다. 그 관계가 비선형적일 수 있다. 유의미한 선형 상관성을 발견하지 못했더라도 좌절하지 말자. 그 대신 클러스터링('UNIT 50. K−평균 클러스터링으로 데이터 묶기' 참고) 등 다른 관계 모델을 시도해 보자.

모집단과 샘플

여러분은 통계적 추론(샘플 데이터에서 전체 모집단을 추정하는 기술)에 관심이 없을 수도 있지만, 데이터 과학자는 대부분 전체 관측 값보다는 작은 규모의 샘플로 분석을 수행한다. 여기서 다루는 모든 통계지표는 실제 값이 아닌 추정치(estimator)다.

샘플의 관측치 개수가 적다면 두 변수 간에 상관성이 높을 수 있지만, 반드시 유의미하지는 않을 수 있다. 유의미성을 나타내는 지표는 p 값이다. p 값이 0.01보다 작으면 충분하지만, 작을수록 더 좋다.

이제 파이썬을 사용해서 데이터에서 샘플을 추출하고 통계지표를 계산해 보자.

UNIT
47

파이썬으로 통계 분석하기

DATA SCIENCE FOR EVERYONE

파이썬이 제공하는 난수와 통계 기능은 여러 모듈(statistics, numpy.random, pandas, scipy.stats)에 나뉘어져 있다.

난수 생성

numpy.random 모듈은 주요 확률 분포에 사용할 수 있는 난수 생성기를 가지고 있다.

이 책의 앞부분(18쪽)에서 여러분은 데이터 분석 코드는 재사용 가능해야 한다고 배웠다. 누구든지 같은 입력 데이터를 같은 프로그램에 넣고 실행하면 같은 결과를 얻어야 한다. 여러분은 항상 seed( ) 함수를 사용해서 유사 랜덤 시드 값을 설정해야 한다. 그렇지 않으면 난수 생성기는 매번 프로그램을 실행할 때마다 다른 난수 시퀀스를 생성하므로 같은 결과를 얻기는 거의 불가능하다.

```
import numpy.random as rnd
rnd.seed(z)
```

다음 함수들은 균등 분포, 정규 분포, 이항 분포를 따르는 무작위 정수와 실수를 생성한다. size를 None으로 설정하지 않는 한 이들 함수는 모두 shape 또는 size를 가진 numpy 배열을 반환한다.

```
rnd.uniform(low=0.0, high=1.0, size=None)
rnd.rand(shape) # uniform(0.0, 1.0, None)과 같다.
rnd.randint(low, high=None, size=None)
rnd.normal(loc=0.0, scale=1.0, size=None)
```

```
rnd.randn(shape) # normal(0.0, 1.0, shape)와 같다.
rnd.binomial(n, p, size=None)
```

이항 분포는 예측 실험을 수행('UNIT 48. 예측 실험 디자인하기' 참고)하거나 데이터를 트레이닝셋과 테스트셋으로 분리할 때 필수 요소다. 트레이닝셋의 상대적 크기를 p로, 테스트셋을 1−p로 할 때를 가정해 보자. p와 1−p를 사용해 이항 시퀀스를 만들고, 이를 True와 False로 된 불 시퀀스로 변환한 후 트레이닝셋과 테스트셋을 pandas 데이터 프레임에서 추출하면 된다.

```
selection = rnd.binomial(1, p, size=len(data)).astype(bool)
training = df[selection]
testing = df[-selection]
```

2 통계지표 계산

55쪽에서 처음 다룬 statistics 모듈은 기초적인 mean( )과 stdev( ) 함수를 제공한다.

pandas 데이터 프레임과 시리즈는 타 시리즈 · 데이터 프레임 또는 데이터 프레임 안의 열 간 상관성이나 공분산을 계산하는 함수 등을 지원한다(p 값 제외).

154쪽에서 데이터 프레임에 저장한 NIAAA 데이터를 재사용해서 pandas의 통계 기능을 더 자세히 알아보자. (우리는 술주정뱅이가 아니다! 우리는 데이터 과학자다. 좋은 데이터셋을 얻었다면 잘 써먹어야 한다!) 2개의 시리즈를 준비하고 이들의 상관성, 공분산, 왜도를 측정해 보자.

실습용으로 alco와 멀티인덱스를 새로 만든다. 앞에서 만든 alco.pickle도 필요하다. 앞에서 만들지 않았다면 만들자.[1]

---

[1] 역주 내려받은 multi.txt 파일에 멀티인덱스를 만드는 전체 코드가 있습니다. alco.pickle을 만들지 않았다면 내려받은 파일을 사용해도 됩니다.

```
alco = pd.read_csv("niaaa-report.csv", index_col=["State", "Year"])
multi = pd.MultiIndex.from_tuples((
        ("Alabama", 1977), ("Alabama", 1978), ("Alabama", 1979),
        ≪…생략…≫,
        ("Wyoming", 2009)),
        names=["State", "Year"])

alco.index = multi
```

멀티인덱스를 다시 만들었다면 다음 코드를 실행한다.

```
beer_seriesNY = alco.ix['New York']['Beer']
beer_seriesCA = alco.ix['California']['Beer']

beer_seriesNY.corr(beer_seriesCA)
>>>
0.97097785391654767

beer_seriesCA.cov(beer_seriesNY)
>>>
0.017438162878787869

[x.skew() for x in (beer_seriesCA, beer_seriesNY)]
>>>
[0.16457291292976819, 0.32838100586310731]
```

같은 함수를 데이터 프레임에도 적용할 수 있다.

```
frameNY = alco.ix['New York']
frameNY.skew()
>>>
Beer      0.328381
Wine      0.127308
Spirits   0.656699
dtype: float64

frameNY.corr() # 모든 열 쌍의 상관성을 계산한다.
>>>
```

```
            Beer       Wine      Spirits
Beer     1.000000   0.470690   0.908969
Wine     0.470690   1.000000   0.611923
Spirits  0.908969   0.611923   1.000000
```

```
frameNY.cov()  # 모든 열 쌍의 공분산을 계산한다.
>>>
            Beer       Wine      Spirits
Beer     0.016103   0.002872   0.026020
Wine     0.002872   0.002312   0.006638
Spirits  0.026020   0.006638   0.050888
```

마지막 두 함수는 모든 열 쌍의 상관성과 공분산이 저장된 데이터 프레임을 반환한다.

시리즈와 데이터 프레임, 데이터 프레임과 또 다른 데이터 프레임 간 상관성을 계산하는 것도 가능하다. 예를 들어 미국 인구통계 데이터[2]를 사용해 2000년부터 2009년까지 뉴욕 주 알코올 소비량과 주 인구 간의 상관성을 확인해 보자. 실습용으로 내려받은 population2000-2009.csv 파일을 사용한다.

```
pop = pd.read_csv("population2000-2009.csv", index_col="State")
```

```
# 마지막 2줄을 제거한다 : 이는 미래의 추정치다.
pop_seriesNY = pop.ix["New York"][:-2]
pop_seriesNY.index
```

```
# 인덱스가 객체(object)로 되어 있으므로 int로 타입을 변형한다.
pop_seriesNY.index = pop_seriesNY.index.map(int)
```

```
frameNY.ix[range(2000:2009)].corrwith(pop_seriesNY)
>>>
Beer      -0.051313
Wine       0.316435
Spirits    0.406861
dtype: float64
```

---

2 goo.gl/r5OwRB

데이터 프레임과 시리즈의 행이 반대 방향으로 정렬되어 있다. 스마트한 pandas 가 행 인덱스를 사용해서 행을 적절하게 맞춘다. 데이터 정렬을 적절하게 사용한 예제라고 할 수 있다('UNIT 35. 데이터 정렬하기' 참고).

상관성의 유의미성을 측정하려면 scipy.stats 모듈의 pearsonr() 함수를 사용한다. 이 함수는 상관성과 p 값을 모두 반환한다. 이 함수는 pandas 데이터 프레임과 통합되지 않아서 인덱싱을 지원하지 않는다. 그래서 수동으로 인덱스를 다시 정렬하고 결과를 데이터 프레임으로 변환해야 한다.[3]

```
from scipy.stats import pearsonr

# 인덱스를 수동으로 정렬한다.
pop_sorted = pop_seriesNY.sort_index()
alco_10 = alco.ix['New York'][-10:]

# 모든 상관성과 p 값을 계산하려고 리스트 내포를 사용한다.
corrs = [(bev,) + pearsonr(alco_10[bev], pop_sorted)
            for bev in alco_10.columns]

# 리스트를 데이터 프레임으로 변환한다.
pd.DataFrame(corrs, columns=("bev", "r", "p-value")).set_index("bev")
>>>
                  r    p-value
bev
Beer     -0.051313  0.903957
Wine      0.316435  0.445101
Spirits   0.406861  0.317143
```

맥주 상관성의 p 값이 말도 안 되게 높게 나왔다. 표 9-1에서 살펴본 두 변수 간 선형적 관계의 종류에 따라 인구와 알코올 소비량 간 선형적 관계가 존재하지 않을 가능성이 크다고 결론지어야 한다.

---

3 `역주` 앞에서 만들어 놓은 alco.pickle이 있어야 실습이 가능합니다.

다시 166쪽 교차 집계에서 살펴본 예제로 돌아가자. 교차 집계 표에 기반해서 우리는 2009년에 1인당 맥주와 와인 소비량이 선형적으로 서로 독립적이라고 판단했었다. 피어슨 상관관계도 우리 판단을 뒷받침한다.

```
alco2009.corr()
>>>
          Beer       Wine     Spirits
Beer    1.000000  -0.031560   0.452279
Wine   -0.031560   1.000000   0.599791
Spirits 0.452279   0.599791   1.000000
```

터무니없게 높은 p 값도 대립가설에 최후의 일격을 가한다.

```
pearsonr(alco2009["Wine"], alco2009["Beer"])
>>>
(-0.031560488300856844, 0.82598481310787297)
```

그리고 다음 스캐터 플롯도 그 결과를 뒷받침한다. 점들이 어떤 특정한 순서나 패턴 없이 플롯 여기저기에 흩뿌려져 있다.

그림 9-2

2009년 미국 1인당 와인 및 맥주 소비량 스캐터 플롯

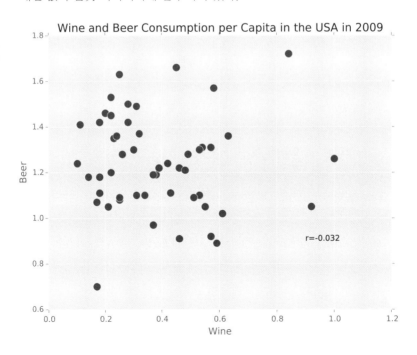

이 장 제목을 '확률과 통계'로 정한 것은 사실 만용이다. 확률 이론 하나만 담는 데도 꽤 많은 분량이 필요하며, 통계도 마찬가지다. 여러분이 이 책에서 확률과 통계를 처음 다루어 보았고 여전히 데이터 과학자가 되기를 바란다면 앞으로 읽어야 할 것이 꽤 많다. 〈가볍게 시작하는 통계학습(An Introduction to Statistical Learning with Applications in R)〉(루비페이퍼, 2016)[JWHT13]은 R 언어를 사용하기는 하지만 좋은 시작점이다. 여러분이 통계학 초짜라도 여러 흥미로운 프로젝트를 시도해 볼 수 있다. 파이썬의 가호가 함께하기를 바란다!

★☆☆ 21세기 S&P 500

S&P 500 주가 지수의 종가를 사용해서 통계지표를 산출하고 이를 보고하는 프로그램을 짜 보자. 주식 가격의 평균, 표준편차와 왜도를 계산하고, 21세기 거래량과 종가 간의 상관관계를 산출해 보자. 도출한 상관관계는 유의미한가? 과거 주식 가격은 Yahoo! Finance[4]에서 내려받을 수 있다. 21세기는 2001년 1월 1일부터 시작한다는 것을 기억하자.

★★★ 영양소 네트워크

미국 농무부(USDA) 영양소 데이터베이스[5]에는 약 9000가지의 음식 품목과 150개의 구성 영양소 정보가 들어 있다. 모든 음식에서 두 영양소의 함유량이 서로 상관성이 높고(상관성 > 0.7) 유의미하다면(p 값 < 0.01), 두 영양소가 비슷하다고 가정하자. NUT_DATA.txt 파일에 저장된 영양소 데이터를 사용해서 유사한 영양소 간 네트워크(183쪽 참고)를 만드는 프로그램을 짜 보자. 네트워크 안의 각 영양소를 노드로 표현하고, 두 영양소가 서로 비슷하다면 두 노드를 연결한다.

---

4   goo.gl/GBqyGO
5   goo.gl/mSjVos

네트워크는 어떤 커뮤니티 구조로 되어 있는가? 그렇다면 어떤 영양소가 서로 연결되어 있는가?

10장

머신 러닝

디어본에 있는 내 농장에서는 모든 것을 기계로 했다.

– 헨리 포드(Henry Ford), 미국 사업가

머신 러닝은 실험 데이터를 학습해 예측을 수행하는 알고리즘을 만들고 연구하는 학문 분야다. 머신 러닝은 크게 지도 학습(supervised learning)과 비지도 학습(unsupervised learning)으로 구분할 수 있다.

지도 학습은 레이블이 붙은 트레이닝 데이터셋에서 예측 함수를 추론한다. 트레이닝 데이터셋에는 관측치의 분류 정보가 포함되어 있다(분류 정보는 사실 데이터셋의 일부다). 지도 학습 알고리즘에는 선형 회귀, 로지스틱 회귀('UNIT 49. 회귀 직선 적합하기' 참고), 랜덤 포레스트('UNIT 51. 랜덤 포레스트에서 살아남기' 참고)가 있다(이 책의 범위를 넘어서는 나이브 베이즈 분류, 서포트 벡터 머신, 선형 판별 분석, 인공신경망은 아쉽게도 다루지 않는다).

비지도 학습은 레이블이 붙지 않은 데이터에서 숨겨진 구조를 탐지하는 데 활용한다. 가장 인기 있는 비지도 학습 기법에는 K-평균 클러스터링('UNIT 50. K-평균 클러스터링으로 데이터 묶기' 참고)과 커뮤니티 탐지(191쪽 참고)가 있다. 계층적 클러스터링과 주성분 분석 역시 비지도 학습 알고리즘이지만, 이 책에서는 다루지 않는다.

지도 학습과 비지도 학습 도구 모두 탐색적 데이터 분석과 예측에 사용할 수 있다. SciKit-Learn과 그 하위 모듈을 사용해 파이썬으로 구현된 여러 머신 러닝 도구를 쓸 수 있다. 이미 있는 데이터를 설명하기보다는 아직 본 적이 없는 무언가를 예측하려고 한다면 먼저 예측 실험을 구성해야 한다.

예측 실험 디자인하기

DATA SCIENCE FOR EVERYONE

예측 데이터 분석은 진지한 과학적 실험이므로 진지하게 진행해야 한다. 여러분의 데이터 모델이 무언가를 예측한다고 주장만 하면 안 된다. 예측 실험의 가장 중요한 부분은 예측 성능 평가와 검증이다.

모델을 만들고 평가하고 검증하는 일련의 과정은 다음 네 단계로 구성된다.

1. 입력 데이터를 트레이닝셋과 테스트셋으로 분리한다(보통 7:3 비율을 추천한다). 데이터 모델을 만들 때 테스트셋은 절대 사용하지 않는다.

2. 트레이닝셋만 사용해서 데이터 모델을 만든다.

3. 만든 모델에 테스트셋을 적용한다.

혼동행렬
주로 알고리즘의 성능을 평가할 때 평가지표로 사용하는 표 레이아웃

4. 혼동행렬(confusion matrix) 같은 성능 평가 도구를 사용해서 모델의 예측력을 평가한다. 모델이 테스트를 통과하면 적합 판정을 내릴 수 있지만, 그렇지 않다면 **1**~**3**을 반복한다.

이진 혼동행렬은 다음과 같이 2개의 행과 2개의 열로 구성된 테이블로, 이진 예측 모델(참과 거짓을 판별하는 모델)의 정확도를 평가하는 데 사용한다.

표 10-1
이진 혼동행렬

분류 기준		
긍정(positive)	부정(negative)	실제 값
TP(True Positive)	FN(False Negative)	positive
FP(False Positive)	TN(True Negative)	negative

우리는 테스트셋 데이터의 실제 분류 값과 모델을 사용해 도출한 예측 값을 알고 있다고 가정하자(당연히 이러한 가정은 지도 학습 모델에만 사용할 수 있다). TP는 모델이 참이라고 올바르게 판별한 레코드의 개수를 의미한다(True Positive). TN은 모델이 거짓이라고 옳게 판단한 레코드의 개수를 의미한다(True Negative). FP는 모델이 참이라고 잘못 판단한 레코드의 개수를 의미한다(False Positive). 그리고 FN은 모델이 거짓이라고 잘못 판단한 레코드의 개수를 의미한다(False Negative).

다른 머신 러닝 기법

다른 지도 학습과 비지도 학습 머신 러닝 기법에는 나이브 베이즈 분류, 서포트 벡터 머신(SVN), 선형 판별 분석(LDA), 인공신경망 등이 있다. SciKit-Learn 모듈에서는 이 중 일부를 제공한다.

혼동행렬은 다음 정량 지표를 사용해서 요약할 수 있다.

- 정확도(accuracy)는 옳게 판단한 레코드의 비율이다.

$$\text{accuracy} = \frac{TP + TN}{TP + TN + FP + FN}$$

여러분이 만든 예측 모델은 적어도 정확도가 높아야 한다. 그렇지 않다면 그 모델은 정확하지 않은 것이다!

- 정밀도(precision)는 참으로 분류한 레코드 중 실제 참의 비율이다.

$$\text{precision} = \frac{TP}{TP + FP}$$

- 민감도(sensitivity)는 실제 참 레코드 중 참으로 옳게 예측한 레코드의 비율이다.

$$\text{sensitivity} = \frac{TP}{TP + FN}$$

민감도는 모델이 판별 대상을 얼마나 잘 탐지하는지 설명한다. TP가 흔하지 않다면(예를 들어 전체 인구 중 암 환자의 수 등) 모델은 민감도가 높아야 한다.

- 특이도(specificity)는 실제 거짓 레코드 중 거짓으로 옳게 예측한 레코드의 비율이다.

$$specificity = \frac{TN}{TN + FP}$$

특이도가 높은 모델은 올바른 음성 판정을 잘 수행하는 모델이다.

대다수 통계 모델은 모델의 파라미터에 따라서 민감도가 높고 특이도가 낮거나, 민감도가 낮고 특이도가 높다. 여러분 모델에서 어떤 지표가 더 중요한지에 따라 파라미터를 선택하면 된다. 사용한 예측 변수의 특이도와 민감도가 모두 낮다면 독립 변수에 역수를 취해 더 쓸 만하게 만들 수 있다.

예측 값이 바이너리 형식이 아니라면(예를 들어 카테고리 변수나 연속적인 값이라면) 다른 성능 평가 도구를 사용해야 한다. 그중 일부를 더 자세히 알아보자.

UNIT 49 회귀 직선 적합하기

DATA SCIENCE FOR EVERYONE

선형 회귀는 선형 모델을 사용해서 전체 혹은 일부 변수의 분산을 설명하려는 예측 통계 모델의 한 종류다. 선형 회귀는 지도 학습 기법이다. 모델로 예측하기 전에 반드시 모델을 '학습'시켜야 한다.

보통최소제곱 회귀

보통최소제곱(OLS, Ordinary Least Square) 회귀는 독립 변수와 종속 변수를 서로 연결한다. 이 모델은 예측 값 $reg(x_i)$를 종속 변수 x_i 조합으로 설명한다. 실제 값 y_i와 예측 값의 차이를 잔차(residual)라고 한다. 예측 값이 실제 값에 정확히 들어맞을 때 모든 잔차는 0이 된다. 학습 성능은 잔차 제곱의 가중합(SSR)(가중치 $w_i > 0$)으로 평가한다. 모델을 학습시킨다는 것은 SSR을 최소화하는 것을 의미한다.

$$SSR = \sum_i^N (y_i - reg(x_i))^2 w_i^2 \to \min$$

학습을 평가하는 또 다른 지표는 모델 스코어로 R^2이라고도 한다. 0과 1 사이에 위치한 R^2 값은 학습된 모델이 분산을 얼마나 설명하는지 보여 준다. 완전히 적합되었을 때 R^2은 1이 된다. 반대로 전혀 적합되지 않았다면 R^2은 0에 근사한다.

보통최소제곱 회귀 객체는 `sklearn.linear_model` 모듈의 `LinearRegression()` 생성자로 만들 수 있다.

`fit()` 함수는 $1 \times n$ 크기의 행렬로 된 독립 변수를 전달받는다. 모델이 1개의 종속 변수를 가지고 있고 예측자가 벡터로 구성되어 있다면, `fit()` 함수는 `numpy.newaxis` 객체 슬라이싱을 사용해 차원을 하나 더 만든다. 이것으로 종속 변수의

실제 값은 1차원 벡터로 전달한다(2개 이상의 분류 값을 예측하고 싶다면 2개 이상의 모델을 만들고 학습시켜야 한다).

모델 학습이 완료되면 여러분은 회귀 객체를 사용해서 예측 값을 산출하고 (predict( ) 함수), 학습 결과 스코어를 확인(score( ) 함수)할 수 있다. 학습이 완료된 후 얻을 수 있는 회귀 계수와 인터셉트는 각각 coef_와 intercept_ 속성으로 접근할 수 있다.

다음 예제는 Yahoo! Finance[1]의 S&P 500 지수의 종가 데이터를 사용해서 선형 회귀 모형을 만들고 학습하고 평가한다. 학습에 사용할 데이터는 sapXXI.csv 파일에 저장해 두었다고 가정하자. 실습에는 내려받은 sapXXI.csv 파일을 사용한다.

필요한 모든 모듈을 임포트하고 S&P 500 데이터를 읽어 들인다.

sap-linregr.py

```
import numpy, pandas as pd
import matplotlib, matplotlib.pyplot as plt
import sklearn.linear_model as lm

# 데이터를 읽어 들인다.
sap = pd.read_csv("sapXXI.csv").set_index("Date")
```

종가 추이를 시각화해 보면, 전체 움직임은 직선과 거리가 멀다는 것을 알 수 있다. 하지만 2009년 1월 1일부터 데이터의 마지막 시점까지 종가 추이는 거의 선형적이다. 우리는 이 선형적인 부분만 사용해서 모델을 학습시킬 것이다. 안타깝게도 SciKit-Learn은 날짜 처리를 직접 지원하지 않는다. 따라서 날짜를 순서를 가진 숫자로 반드시 변환하고 나서 선형 모델을 생성하고 학습하고 평가하며, 마지막으로 S&P 500 지수를 예측한다. 모델 스코어는 0.95가 나왔는데, 나쁘지 않은 결과다!

sap-linregr.py

```
# '선형적으로 보이는' 부분을 선택한다.
sap.index = pd.to_datetime(sap.index)
sap_linear = sap.ix[sap.index > pd.to_datetime('2009-01-01')]
```

---

[1] goo.gl/GBqyGO

```python
# 모델을 준비하고 학습시킨다.
olm = lm.LinearRegression()
X = numpy.array([x.toordinal() for x in sap_linear.index])[:,
    numpy.newaxis]
y = sap_linear['Close']
olm.fit(X, y)

# 예측을 수행한다.
yp = [olm.predict(x.toordinal())[0] for x in sap_linear.index]

# 모델을 평가한다.
olm_score = olm.score(X, y)
```

마지막으로 원본 데이터셋과 예측 직선, 모델 스코어를 시각화한다. 결과는 그림 10-1과 같다.

sap-linregr.py

```python
# 플로팅 스타일을 선택한다.
matplotlib.style.use("ggplot")

# 두 데이터셋을 시각화한다.
plt.plot(sap_linear.index, y)
plt.plot(sap_linear.index, yp)

# 플롯을 꾸민다.
plt.title("OLS Regression")
plt.xlabel("Year")
plt.ylabel("S&P 500 (closing)")
plt.legend(["Actual", "Predicted"], loc="lower right")
plt.annotate("Score=%.3f" % olm_score,
            xy=(pd.to_datetime('2010-06-01'), 1900))

plt.savefig("sap-linregr.pdf")
```

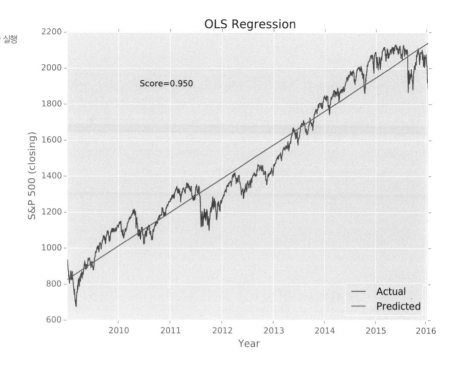

그림 10-1

sap-linregr.py 실행
결과

아쉽게도 SciKit-Learn은 학습 결과의 p 값을 계산하지 않는다. 학습 결과가 유의미한지 판단할 수 있는 방법은 없다.

비선형적인 예측 변수(예를 들어 제곱, 제곱근, 로그)나 순서형 예측 변수를 모델에 추가하고 싶다면 이들을 새로운 독립 변수로 취급하면 된다.

 ## 능형 회귀

2개 이상의 예측 변수가 서로 강한 상관관계에 있다면(공선성(collinearity)이 존재할 때), 보통최소제곱 회귀는 굉장히 큰 회귀 계수를 만들어 낼 수도 있다. 이때 페널티를 부여해 통제를 벗어나 계속 증가하는 회귀 계수를 제약할 수 있다. 능형 회귀(ridge regression)는 일반화된 선형 회귀 모델로 파라미터 α를 사용해서 회귀 계수를 압박한다. 이러한 과정을 정규화(regularization)라고 한다.

$$SSR_{gen} = \sum_{i}^{N}(y_i - \text{reg}(x_i))^2 w_i^2 + \alpha \sum_{i}^{N} \text{coeff}_i^2 \rightarrow \min$$

α가 0이면 능형 회귀는 보통최소제곱 회귀와 같다. α가 높아지면 페널티도 높아져서 학습된 모델은 더 낮은 회귀 계수를 갖지만, 모델의 성능은 낮아질 수 있다.

Ridge( ) 함수를 사용해서 능형 회귀 객체를 만들 수 있다. 이 함수는 α를 파라미터로 전달받는다. 만든 객체는 보통최소제곱 회귀를 사용하는 방법과 동일하게 활용한다.

```
regr = lm.Ridge(alpha=.5)
regr.fit(X, y)
≪ …생략… ≫
```

3 로지스틱 회귀

이름과는 달리 로지스틱(logistic 혹은 logit) 회귀는 사실 회귀 모델이 아니라 이진 판별에 사용하는 도구다. 로지스틱 회귀는 일반화된 로지스틱 함수다(로지스틱 함수의 확장된 버전으로 s커브(s-curve), **시그모이드**(sigmoid)라고도 하는데 그림 10-2를 참고한다). 일반화된 로지스틱 함수는 상한과 하한 점근선, 시그모이드의 중간점인 x 값과 경사가 급한 곡선을 가지는 특징이 있다.

시그모이드
S자 모양을 말하며, 시그모이드 함수는 S자 모양의 함수

로지스틱 회귀 객체는 LogisticRegression( ) 함수를 사용해 만들 수 있다. 이 함수는 여러 옵셔널 파라미터를 취할 수 있는데, 그중 가장 중요한 것은 파라미터 C다.

파라미터 C는 정규화의 역수 값이다(능형 회귀에서 사용하는 α의 역수 값). 납득할 수 있는 판별 결과를 얻으려면 C를 적어도 20 이상으로 설정하는 것이 좋다. C의 기본 값은 1.0으로 설정되어 있는데, 이는 실제 분석 사례에서는 대부분 적절하지 않다.

종속 변수 y는 정수나 불, 문자열이 될 수 있다.

sklearn.linear_model은 predict( ) 함수로 판별을 수행한다. 선형 회귀 모델(OLS와 ridge)과는 달리 로지스틱 회귀 모델의 예측 결과는 모델의 계수 값 coef_와 인터셉트 intercept_보다 더 중요하다.

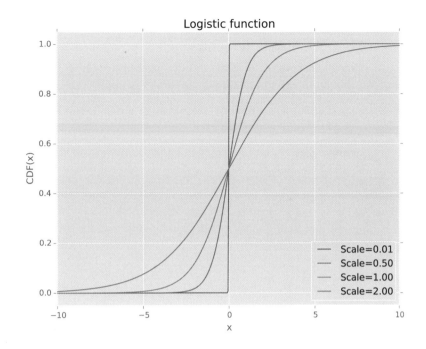

그림 10-2
로지스틱 함수

다음 예제에서는 기초 컴퓨터 과학 클래스에서 43명의 학생이 기록한 퀴즈 점수를 사용해 로지스틱 회귀를 수행할 것이다. 처음 두 번의 퀴즈 점수(10점 만점)가 학생의 최종 등급을 맞추거나 등급이 만족스러운지("C" 혹은 그 이상) 판별할 수 있는지 확인해 보자.

logit-example.py

```python
import pandas as pd
from sklearn.metrics import confusion_matrix
import sklearn.linear_model as lm

# 회귀 도구를 생성한다.
clf = lm.LogisticRegression(C=10.0)

# 데이터시트를 읽어 들이고, 등급을 정량화한다.
grades = pd.read_table("grades.csv")
labels = ('F', 'D', 'C', 'B', 'A')
grades["Letter"] = pd.cut(grades["Final score"], [0, 60, 70, 80, 90, 100],
                          labels=labels)
X = grades[["Quiz 1", "Quiz 2"]]
```

```
# 모델을 학습시키고, score와 혼동행렬을 출력한다.
clf.fit(X, grades["Letter"])
print("Score=%.3f" % clf.score(X, grades["Letter"]))
cm = confusion_matrix(clf.predict(X), grades["Letter"])
print(pd.DataFrame(cm, columns=labels, index=labels))
>>>
Score=0.535
   F  D  C  B  A
F  0  0  0  0  0
D  2 16  6  4  1
C  0  1  6  2  2
B  0  0  0  1  2
A  0  0  0  0  0
```

혼동행렬은 sklearn.metrics 모듈의 confusion_matrix() 함수를 사용해서
계산할 수 있다(표 10-1 참고). 만족할 만큼 모델 스코어가 높게 나오지는 않은
듯하다. 모델은 전체 등급 중 54% 정도만 정확하게 예측할 수 있었다. 그러나 이
혼동행렬의 주 대각선이나 그에 이웃한 셀에는 거의 0이 아닌 값이 들어 있다.
이는 위아래 1등급씩 여유를 둔다면 모델이 꽤 정확했다는 의미다. 여유를 감안
한 '확장된' 정확도(84%)는 대부분의 실용 분석 사례에서 충분한 수준이다.

UNIT 50

K-평균 클러스터링으로 데이터 묶기

DATA SCIENCE FOR EVERYONE

클러스터링

유사성 등 개념에 기초해 데이터를 몇몇 그룹으로 분류하는 기법

클러스터링은 비지도 학습 기법이다. 즉, 모델을 학습할 필요가 없다(학습할 수도 없다).

클러스터링 목적은 샘플(실수로 구성된 n차원의 벡터)을 내부적으로는 비슷하지만 외부적으로 공통 분모가 없는 여러 그룹으로 묶는 것이다. 클러스터링이 제대로 작동하려면 여러 벡터 차원은 반드시 어느 정도 호환 가능한 범위를 가져야 한다. 특정 차원의 범위가 다른 차원보다 훨씬 높거나 낮다면, 클러스터링하기 전에 반드시 스케일을 조정해야 한다.

K-평균 클러스터링은 다음 알고리즘을 사용해 샘플을 k개의 클러스터로 모은다.

1. 최초 센트로이드(centroid)(중심점)로 k개의 벡터를 무작위로 선정한다(이들 벡터가 데이터셋의 샘플일 필요는 없다).

2. 각 샘플을 그 위치에서 가장 가까운 센트로이드에 할당한다.

3. 센트로이드의 위치를 재계산한다.

4. 센트로이드가 더 이상 움직이지 않을 때까지 **2**와 **3**을 반복한다.

`sklearn.cluster` 모듈은 `KMeans` 객체로 알고리즘을 실행한다. `fit()` 함수는 실제 클러스터링을 수행하고, `predict()` 함수는 새로운 샘플을 이미 계산된 클러스터에 할당하며, `fit_predict()` 함수는 클러스터링과 그룹 할당(레이블링)을 동시에 수행한다.

`sklearn.preprocessing` 모듈의 `scale()` 함수를 사용해서 변수의 스케일을 조정할 수 있다. `scale()` 함수는 각 차원 변수에서 그 최솟값을 뺀 후 차원의 범위로 나누어 결과적으로 해당 차원을 0에서 1 사이로 매핑한다.

센트로이드 최종 위치와 각 샘플 클러스터에 할당된 숫자 레이블은 cluster_centers_와 labels_ 속성으로 얻을 수 있다. 클러스터에 할당되는 숫자 레이블은 클러스터 목적이나 특징을 의미하지 않는다. 의미 있는 레이블을 클러스터에 붙이려면 다음 중 하나를 수행한다.

- 인간의 인지 능력을 사용한다(샘플을 살펴보고 일반화할 수 있는 레이블을 정의한다).
- 크라우드소싱을 사용한다(아마존(Amazon)의 MTurk 프로젝트 등).
- 데이터에서 레이블을 생성한다(예를 들어 가장 두드러지는 샘플의 속성 중 하나를 클러스터 레이블로 설정한다).

우리는 224쪽의 통계지표 계산에서 2009년 미국 와인과 맥주 소비량의 관계를 탐구해 보고, 두 데이터가 서로 선형적으로 연관되어 있지 않다는 뜻하지 않았던 결론에 이르렀다. 이번에는 클러스터링을 사용해서 다시 한 번 분석해 보자. 분석 과정과 결과는 다음과 같다.

먼저 다음 코드로 alco2009를 pickle로 저장한다.

```
import pickle
with open("alco2009.pickle", "wb") as oFile:
  pickle.dump(alco2009, oFile)
```

다음 코드를 실행한다.

clusters.py

```
import matplotlib, matplotlib.pyplot as plt
import pickle, pandas as pd
import sklearn.cluster, sklearn.preprocessing

# 앞에서 NIAAA 데이터 프레임을 pickle에 저장해 두었다.
alco2009 = pickle.load(open("alco2009.pickle", "rb"))

# 주 약칭 데이터를 읽어 온다.
states = pd.read_csv("states.csv",
                    names=("State", "Standard", "Postal", "Capital"))
```

```python
columns = ["Wine", "Beer"]

# 클러스터링 객체를 생성하고, 모델을 학습시킨다.
kmeans = sklearn.cluster.KMeans(n_clusters=9)
kmeans.fit(alco2009[columns])
alco2009["Clusters"] = kmeans.labels_
centers = pd.DataFrame(kmeans.cluster_centers_, columns=columns)

# 플로팅 스타일을 선택한다.
matplotlib.style.use("ggplot")

# 주와 센트로이드를 플롯에 그린다.
ax = alco2009.plot.scatter(columns[0], columns[1], c="Clusters",
                           cmap=plt.cm.Accent, s=100)
centers.plot.scatter(columns[0], columns[1], color="red", marker="+",
                     s=200, ax=ax)

# 주 약칭을 플롯에 추가한다.
def add_abbr(state):
    _ = ax.annotate(state["Postal"], state[columns], xytext=(1, 5),
                    textcoords="offset points", size=8,
                    color="darkslategrey")

alco2009withStates = pd.concat([alco2009, states.set_index("State")],
                               axis=1)
alco2009withStates.apply(add_abbr, axis=1)

# 플롯에 제목을 붙이고 저장한다.
plt.title("US States Clustered by Alcohol Consumption")
plt.savefig("clusters.pdf")
```

n_clusters 파라미터를 별도로 지정하지 않으면 KMeans( ) 함수는 언제나 8개의 클러스터를 생성한다. 클러스터 개수는 여러분의 직관을 사용해서 스스로 결정해야 한다.

그림 10-3과 같이 원본 데이터(주 약칭을 분명히 밝힌 점)와 클러스터 센트로이드(십자)를 같은 플롯에 그려 보자.

그림 10-3

clusters.py 실행 결과

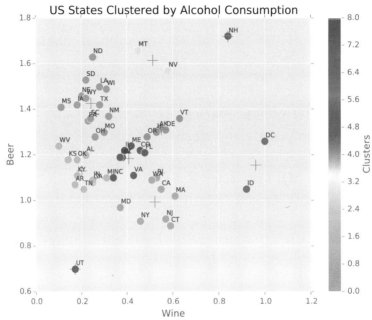

KMeans( )가 클러스터를 꽤 괜찮게 탐지해 냈다(와인과 맥주를 모두 적당히 마시는 북동부지역 등). 레이블 선정까지는 갈 길이 멀지만, 이 책의 범위 밖이다.

보로노이 셀

K-평균 클러스터링 알고리즘은 독립 변수 공간을 보로노이 셀(Voronoi cell)로 구획화한다. 개별 보로노이 셀에는 다른 시드(데이터 포인트)보다 해당 시드에 가까운 점들이 속한다.

랜덤 포레스트에서 살아남기

DATA SCIENCE FOR EVERYONE

의사결정나무(decision tree)는 지도 학습 도구다. 의사결정나무는 트리 모양의 그래프로 각 노드에서는 데이터셋의 특정 속성을 판단하며, 노드에서 갈라져 나온 가지들은 판단 결과에 대응한다. 의사결정나무를 사용하려면 먼저 이를 학습시켜야 한다. 의사결정나무의 학습은 여러 예측 변수와 해당하는 레이블을 트리에 입력하고, 그에 따라 노드의 판단 조건을 조정하는 과정에 따라 진행한다(당연히 일일이 손으로 학습시킬 수 없다).

랜덤 포레스트 알고리즘은 다수의 의사결정나무(앙상블)를 데이터셋의 수많은 하위 샘플에 적용해 예측 결과의 평균치를 얻고, 이를 사용해서 결과적으로 예측 정확도를 개선한다. sklearn.ensemble 모듈은 RandomForestRegressor() 생성자를 제공한다. 생성된 랜덤 포레스트 객체는 fit(), predict() 등 함수를 가지고 있는데, 이 장에서 배운 다른 알고리즘과 문법, 구조가 같다.

1978년 데이빗 해리슨(D. Harrison)과 다니엘 루빈펠드(D. Rubinfeld)가 처음 출판한 보스턴 센서스 조사구[2]의 부동산 가격 데이터셋을 사용해서 랜덤 포레스트를 연습해 보자. 데이터셋은 506개의 주거용 부동산 가격 중앙 값(mv로 레이블링)과 14개의 다른 변수(예측 변수)로 구성되어 있다. 실습에는 내려받은 Hedonic.csv 파일을 사용한다.

rfr.py

```
from sklearn.ensemble import RandomForestRegressor
import pandas as pd, numpy.random as rnd
import matplotlib, matplotlib.pyplot as plt

# 데이터를 읽어 들이고, 데이터셋을 두 가지로 무작위 분리한다.
```

---

2 http://lib.stat.cmu.edu/datasets/boston

```
hed = pd.read_csv('Hedonic.csv')
selection = rnd.binomial(1, 0.7, size=len(hed)).astype(bool)
training = hed[selection]
testing = hed[-selection]

# 랜덤 포레스트 객체와 예측 변수셋을 생성한다.
rfr = RandomForestRegressor()
predictors_tra = training.ix[:, "crim" : "lstat"]
predictors_tst = testing.ix[:, "crim" : "lstat"]

# 모델을 학습시킨다.
feature = "medv"
```
❶ `rfr.fit(predictors_tra, training[feature])`

```
# 적절한 플로팅 스타일을 선택한다.
matplotlib.style.use("ggplot")

# 예측 결과를 플롯에 시각화한다.
```
❷ `plt.scatter(training[feature], rfr.predict(predictors_tra),`
`            c="green", s=50)`
❸ `plt.scatter(testing[feature], rfr.predict(predictors_tst), c="red")`
```
plt.legend(["Training data", "Testing data"], loc="upper left")
plt.plot(training[feature], training[feature], c="blue")
plt.title("Hedonic Prices of Census Tracts in the Boston Area")
plt.xlabel("Actual value")
plt.ylabel("Predicted value")
plt.savefig("rfr.pdf")
```

❶에서 트레이닝 데이터셋을 사용해 예측 변수를 학습시키고, 트레이닝셋(❷)과 학습에 사용하지 않은 테스트셋(❸)을 대상으로 테스트를 수행한다. 예측하려는 mv는 이산형이 아니기 때문에 혼동행렬을 사용해서 모델의 성능을 평가할 수 없다. 대신에 대략적인 모델 성능 판단은 시각화를 이용해 내릴 수 있다. 다음 플롯으로 미루어 보아 만든 모델은 어느 정도 정확하며, 과적합하지 않은 듯하다.

그림 10-4

rfr.py 실행 결과

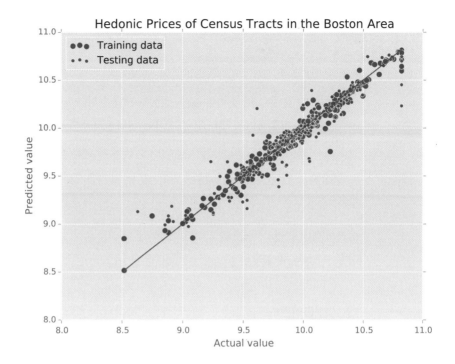

여러분은 이 장에서 머신 러닝이라는 큰 빙산의 일각을 만져 보았을 뿐이다('전통적인' 과학을 신뢰한다면 일반적인 크기의 빙산 2/3쯤은 수면 아래에 잠겨 있다). 그러나 여러분은 지도 및 비지도 데이터 처리에서 충분히 강력한 도구와 지식으로 무장하고 있다. 이제 여러분은 회귀·분류 모델을 만들거나 예측 실험을 구성하고, 유효성을 검증하고, 결과를 기반으로 중요한 결론을 내릴 수 있다.

여기까지 온 것을 진심으로 축하한다! 이제 여러분은 거의 데이터 과학자나 다름이 없다(아직 마쳐야 할 연습문제가 몇 개 남았다).

★☆☆ MOSN 클러스터

거대한 온라인 소셜 네트워크 사이트를 회원수와 글로벌 Alexa 페이지 순위[3]로 클러스터링하는 프로그램을 작성하자. 웹 사이트 랭크와 크기가 다양하므로 클러스터링과 시각화를 할 때는 로그 스케일을 사용하자.

★★☆ S&P 500 지수로 선형 모델 만들기

Yahoo! Finance[4]에서 21세기 S&P 500 종가 데이터를 사용해 각 연도별 데이터를 OLS 회귀 모델로 표현해 보자. 모델 스코어가 적절하지 않다면(0.95 이하), OLS 모델 score가 0.95를 넘거나 시계열 구간이 한 주보다 짧을 때까지 시계열을 절반씩 잘라 같은 연산을 재귀적으로 수행하자. 그러고 나면 이 프로그램은 원본 S&P 500 지수와 OLS 모델이 산출한 예측 가격을 한 플롯에 시각화한다.

---

3 goo.gl/BFX6cX
4 goo.gl/GBqyGO

★★★ 지하철 예측 모델

어떤 도시에 지하철 시스템이 있는지 예측하는 프로그램을 개발해 보자. 여러분의 프로그램에는 인구, 인구 밀도, 예산 규모, 날씨 조건, 소득세 수준 등 여러 변수가 필요할 수도 있다. 몇몇 변수는 온라인에서 쉽게 구할 수 있겠지만, 그렇지 않은 변수도 있을 것이다. 로지스틱 회귀와 랜덤 포레스트 모델을 사용해 보고, 어떤 모델이 더 성능이 좋은지 평가해 보자.

부록

책에서 마음에 드는 부분을 발견했다면, 크게 소리 내어
읽으면서 공부를 시작해 보자.

– 그렌빌 클라이저(Grenville Kleiser), 미국 작가

대부분 우리는 문제에서 정답을 찾으려고 해서는 안 된다.
데이터가 부족하기 때문이다.

– 듀란트 드레이크(Durant Drake), 북미 윤리 연구원

더 읽어 보기

여기까지 다다른 독자들은 이 책이 여러 주제에서 심층적인 내용을 다루지 않는다는 것을 알았을 것이다. 또 목적은 확고하지만 그에 도달할 방법을 모르는 독자들을 대상으로 한다는 사실도 알았을 것이다. 여기서는 조금 내용이 겹칠 수도 있지만, 특정 주제에서 더 전문적인 정보를 제공하는 여러 훌륭한 책을 소개한다.

여러분이 데이터 과학에서 전혀 사전 지식이 없고 R 언어를 새로 배우는 것을 주저하지 않는다면, 〈가볍게 시작하는 통계학습(An Introduction to Statistical Learning with Applications in R)〉(루비페이퍼, 2016)[JWHT13]과 〈Practical Data Science with R(R을 사용한 실용적인 데이터 과학)〉(Manning Publications, 2014)[ZM14]을 추천한다. 첫 번째는 실용적인 프로그래밍을 포함한 통계학 책이고, 두 번째는 통계학적 요소가 포함된 실용 프로그래밍 책으로 서로 조화를 잘 이룬다. 또 다른 책인 〈The Elements of Data Analytic Style(데이터 분석 스타일의 요소)〉(Leanpub, 2015)[Lee15]은 여러 데이터 모델 타입, 리포트 작성, 플로팅, 재사용 가능한 코드를 다룬다.

〈파이썬 라이브러리를 활용한 데이터 분석(Python for Data Analysis)〉(한빛미디어, 2013)[McK12]은 pandas 모듈의 창시자인 웨스 맥키니(Wes McKinney)가 쓴 클래식한 pandas 책이다. pandas와 numpy, 금융 시계열 분석 등과 관련된 모든 것을 포함한다. 이 책에서는 굉장히 많은 분석 사례를 심도 있게 다루었다.

〈Natural Language Processing with Python(파이썬으로 하는 자연어 처리)〉(O'Reilly, 2009)[BKL09]은 파이썬 튜토리얼과 NLP 솔루션을 모두 제공한다. 이 책은 기본적인 텍스트 정규화와 단어 카운팅을 넘어서 텍스트 분류, 문장 구조 분석과 감성 분석 등을 다룬다. 파이썬을 전혀 다룬 적이 없는 독자를 대상으로 하며, 온라인 버전을 무료로 제공한다![1]

소셜 웹은 원천 데이터를 확보할 수 있는 거대하고 빠르게 확장하는 저장소다. 〈Mining the Social Web, 2nd(소셜 웹 마이닝 2판)〉(O'Reilly, 2014)[Rus11]은 유닉스 스타일의 메일박스, 트위터, 링크드인, 구글 버즈와 페이스북이 제공하는 API 사용 방법을 상세히 다룬다. 이 책은 대부분의 핵심적인 자연어 처리 작업을 잘 소개해 놓았다. 하지만 안타깝게도 출판한 지 얼마 되지 않았음에도 이미 거의 쓸모가 없어졌다. 몇몇 API는 변해 버렸고, 일부 소셜 네트워크 프로젝트(구글 버즈 같은)는 아예 없어져 버렸다.

〈MySQL Crash Course(MySQL 집중 훈련)〉(Sams Publishing, 2005)[For05]는 제목이 의미하는 바를 정확히 전달한다. 관계형 데이터베이스를 어떻게 구성하고 유지하고 사용하는지 정보를 제공한다. 파이썬이나 다른 언어로 된 API 내용은 포함하지 않았다.

이 책을 집필하던 시점에서는 네트워크 분석을 파이썬으로 쓴 책이 아직 없었다. 〈Network Analysis: Methodological Foundations(네트워크 분석 : 방법론 입문)〉(Springer, 2005)[BE05]는 컴퓨터 프로그래머를 대상으로 쓰지는 않았지만, 꽤 이론적이다. 〈Social Network Analysis(소셜 네트워크 분석)〉(SAGE Publications, 2007)[KY07]는 수학적 정리, 증명이나 굉장히 긴 공식에서 조금은 거리를 두고 싶은 현업 분석가들이 쉽게 접근할 수 있는 책이다. 이 책은 제목과 달리 소셜 네트워크뿐만 아니라 일반적인 네트워크에 대한 좋은 소개서다.

마지막으로 〈밑바닥부터 시작하는 데이터 과학(Data Science from Scratch)〉(인사이트, 2016)[Gru15]은 이 책의 확장된 버전이라고 할 수 있다. 통계와 머신 러닝을 좀 더 폭넓게 다루고 있어 이 책에 이어서 읽기에 적합하다.

---

[1] http://www.nltk.org/book

별 1개짜리 연습문제 해답 보기

DATA SCIENCE FOR EVERYONE

이 부록은 별 1개짜리 연습문제의 해답을 제시한다. 여기에 수록된 샘플 해답들은 가장 '파이썬스러운' 방식으로 구현되었다. 여러분이 작성한 해답이 샘플과 다르다고 해서 좌절하지 말자! 사랑과 죽음을 서술할 수 있는 방법이 다양하듯이 프로그래밍 문제를 푸는 방법도 여러 가지다.

Hello, World!

파이썬으로 'Hello, World!'를 출력하는 프로그램을 짜 보자(1장).

solution-hello.py
```
# 전통을 지키자.
print("Hello, World!")
```

단어 빈도 카운터

사용자에게서 요청받은 웹 페이지를 내려받아 가장 빈번하게 사용한 단어 10개를 추출하는 프로그램을 만들어 보자. 이 프로그램은 대·소문자를 구분하지 않는다. 이 연습문제의 목적을 감안해 단어는 정규 표현식 r"\w+"를 사용해서 구분할 수 있다고 가정한다(2장).

solution-counter.py
```
import urllib.request, re
from collections import Counter

# 사용자와 인터넷에 말을 건다.
url = input("Enter the URL: ")
try:
    page = urllib.request.urlopen(url)
except:
```

```
        print("Cannot open %s" % url)
        quit()

# 페이지를 읽고 부분적으로 정규화한다.
doc = page.read().decode().lower()

# 텍스트를 단어로 자른다.
words = re.findall(r"\w+", doc)

# 카운터를 만들고 답을 출력한다.
print(Counter(words).most_common(10))
```

끊어진 링크 탐지기(Broken Link Detector)

웹 페이지의 URL을 입력받아 해당 웹 페이지에서 연결이 끊긴 링크 이름과 연결 대상을 출력하는 프로그램을 작성하자. 연습문제의 목적에 따라 urllib. request.urlopen()으로 URL을 열 때 오류가 발생한다면 링크가 끊긴 것으로 인식한다(3장).

solution-broken_
link.py

```
import urllib.request, urllib.parse
import bs4 as BeautifulSoup

# 사용자와 인터넷에 말을 건다.
base = input("Enter the URL: ")
try:
    page = urllib.request.urlopen(base)
except:
    print("Cannot open %s" % base) quit()

# soup을 준비한다.
soup = BeautifulSoup.BeautifulSoup(page)

# link를 (name, url)로 구성된 튜플로 추출한다.
links = [(link.string, link["href"])
         for link in soup.find_all("a")
         if link.has_attr("href")]
```

```python
# 각 링크를 연다.
broken = False
for name, url in links:
    # base와 대상 link를 결합한다.
    dest = urllib.parse.urljoin(base, url)
    try:
        page = urllib.request.urlopen(dest)
        page.close()
    except:
        print("Link \"%s\" to \"%s\" is probably broken." % (name, dest))
        broken = True

# 좋은 소식!
if not broken:
    print("Page %s does not seem to have broken links." % base)
```

MySQL 파일 인덱서

주어진 파일 안에 있는 모든 단어에서 단어(형태소가 아니다!)와 순번(1부터 시작하는), 품사를 MySQL 데이터베이스에 기록하는 프로그램을 짜 보자. NLTK WordPunctTokenizer(63쪽에서 소개)를 사용해서 단어를 분석해 보자. 모든 단어는 TINYTEXT MySQL 데이터 타입에 속할 정도로 짧다고 가정한다. 데이터베이스 스키마를 디자인하고, 필요한 모든 테이블을 생성하며, 파이썬 코딩을 하기에 앞서 명령줄 인터페이스에서 테스트해 보자(4장).

샘플 해답은 2개의 파일로 구성되어 있다. 하나는 MySQL 스크립트로 테이블을 구성하고, 나머지 파이썬 프로그램은 인덱싱을 수행한다.

solution-mysql_
indexer.sql

```sql
CREATE TABLE IF NOT EXISTS indexer(id INT PRIMARY KEY AUTO_INCREMENT,
                                   ts TIMESTAMP,
                                   word TINYTEXT,
                                   position INT,
                                   pos VARCHAR(8));
```

```
solution-mysql    import nltk, pymysql
indexer.py

                  infilename = input("Enter the name of the file to index: ")

                  # 여러분의 MySQL 설정에 맞게 다음 줄을 수정한다.
                  conn = pymysql.connect(user="dsuser", passwd="badpassw0rd", db="dsbd")
                  cur = conn.cursor()

                  QUERY = "INSERT INTO indexer (word,position,pos) VALUES "
                  wpt = nltk.WordPunctTokenizer()

                  offset = 1
                  with open(infilename) as infile:
                      # 텍스트를 1줄씩 점진적으로 처리한다.
                      # 어차피 한 단어가 2줄에 걸쳐 있지는 않다!
                      for text in infile:
                          # 단어를 토큰화하고 품사 태그를 붙인다.
                          pieces = enumerate(nltk.pos_tag(wpt.tokenize(text)))

                          # 쿼리를 만든다. 이스케이프 문자 처리하는 것을 잊지 말자!
                          words = ["(\"%s\",%d,\"%s\")" % (conn.escape_string(w),
                                                           i + offset,
                                                           conn.escape_string(pos))
                                   for (i, (w, pos)) in pieces]
                          # 쿼리를 실행한다.
                          if words:
                              cur.execute(QUERY + ','.join(words))

                              # 단어 포인터를 업데이트한다.
                              offset += len(words)

                  # 변경 사항을 등록한다.
                  conn.commit()
                  conn.close()
```

배열 미분

부분합(partial sums)은 적분(integral)과 거의 같다. 미적분에서는 더 이상 쪼갤 수 없는 원소의 무한한 합으로 적분을 정의한다. 그리고 편미분(partial differences)은 미분(derivatives)과 거의 같다. numpy는 배열의 편미분 계산을 지원하지 않는다. arr 배열이 주어졌을 때 배열 요소들의 편미분을 계산하는 프로그램을 만들어 보자. 배열은 숫자형으로 되어 있다고 가정한다(5장).

solution-difference.py

```python
import numpy as np

# 테스트용 데이터를 준비한다.
array = np.random.binomial(5, 0.5, size=100)

# 슬라이싱과 브로드캐스팅을 사용해 미분한다!
diff = array[1:] - array[:-1]
```

스라소니 밀렵

연간 캐나다 스라소니 밀렵 데이터[2]를 사용해서 10년 단위로 밀렵된 스라소니 개수를 역순으로 정렬(가장 '생산적이었던' 10년이 먼저)해서 출력하는 프로그램을 만들어 보자. 데이터 파일이 cache 디렉터리에 없다면 프로그램은 데이터 파일을 내려받아 cache 디렉터리에 저장한다. cache 디렉터리가 없을 때는 그 디렉터리를 자체적으로 생성하게 한다. 이 프로그램은 처리한 결과를 doc 디렉터리 안에 CSV 파일로 저장한다. 마찬가지로 doc 디렉터리가 없다면 자체적으로 생성해야 한다(6장).

solution-lynx.py

```python
import os, pandas as pd
import urllib.request

# 상수를 정의한다.
SRC_HOST = "https://vincentarelbundock.github.io"
FILE = "lynx.csv"
```

---

2 goo.gl/utXzlv

```python
SRC_NAME = SRC_HOST + "/Rdatasets/csv/datasets/" + FILE
CACHE = "cache"
DOC = "doc"

# 필요하면 디렉터리를 준비해 둔다.
if not os.path.isdir(CACHE):
    os.mkdir(CACHE)
if not os.path.isdir(DOC):
    os.mkdir(DOC)

# 파일이 캐시되었는지 확인한다. 그렇지 않다면 캐시 처리한다.
if not os.path.isfile(CACHE + FILE):
    try:
        src = urllib.request.urlopen(SRC_NAME)
        lynx = pd.read_csv(src)
    except:
        print("Cannot access %f." % SRC_NAME)
        quit()

    # 데이터 프레임을 생성한다.
    lynx.to_csv(CACHE + FILE)
else:
    lynx = pd.read_csv(CACHE + FILE)

# decade 열을 추가한다.
lynx["decade"] = (lynx['time'] / 10).round() * 10

# 데이터를 집계하고 정렬한다.
by_decade = lynx.groupby("decade").sum()
by_decade = by_decade.sort_values(by="lynx", ascending=False)

# 결과를 저장한다.
by_decade["lynx"].to_csv(DOC + FILE)
```

중심성 상관성

스탠포드대학교 대규모 네트워크 데이터셋 컬렉션(출처 : 쥬어 레스코백(J. Leskovec) & 안드레이 크레블(A. Krevl))[3]에서 Epinions.com 사용자의 소셜 네트워크 그래프를 내려받고, 열 번째로 큰 커뮤니티를 추출하자. 7장에서 언급한 모든 네트워크 중심성 지표 간 상관성을 계산하고 출력하는 프로그램을 만들어 보자(재미있게 하려고 클러스터링 계수를 추가해도 좋다). 모든 중심성 값은 pandas의 데이터 프레임에 저장할 것을 권장한다. 필요하다면 220쪽 '통계지표 계산'에서 상관성을 계산하는 방법을 참고할 수 있다(7장).

어떤 중심성 쌍이 상관성이 높은가?

solution-
centrality.py

```python
import networkx as nx, community
import pandas as pd

# 네트워크를 임포트한다.
G = nx.read_adjlist(open("soc-Epinions1.txt", "rb"))

# 커뮤니티 구조를 추출하고 데이터 시리즈에 저장한다.
partition = pd.Series(community.best_partition(G))

# 열 번째로 큰 커뮤니티의 인덱스를 찾는다.
top10 = partition.value_counts().index[9]

# 열 번째로 큰 커뮤니티를 추출한다.
# 노드 라벨이 문자열로 되어 있다는 것을 기억하자!
subgraph = partition[partition == top10].index.values.astype('str')
F = G.subgraph(subgraph)

# 네트워크 지표를 계산한다.
df = pd.DataFrame()
df["degree"] = pd.Series(nx.degree_centrality(F))
df["closeness"] = pd.Series(nx.closeness_centrality(F))
```

---

3 http://snap.stanford.edu/data/soc-Epinions1.html

```
df["betweenness"] = pd.Series(nx.betweenness_centrality(F))
df["eigenvector"] = pd.Series(nx.eigenvector_centrality(F))
df["clustering"] = pd.Series(nx.clustering(F))


# 상관성을 계산한다.
print(df.corr())
>>>
              degree   closeness betweenness eigenvector  clustering
degree      1.000000    0.247377    0.871812    0.738836    0.100259
closeness   0.247377    1.000000    0.169449    0.547228    0.024052
betweenness 0.871812    0.169449    1.000000    0.527290   -0.015759
eigenvector 0.738836    0.547228    0.527290    1.000000    0.143070
clustering  0.100259    0.024052   -0.015759    0.143070    1.000000
```

연결 중심성이 매개 중심성, 고유벡터 중심성과 강한 선형적 상관관계를 형성한다.

아메리칸 파이

영문 첫 글자를 기준으로 미국의 주를 세어서 이를 파이 차트로 출력하거나 PDF 파일로 저장하는 프로그램을 짜 보자. http://www.stateabbreviations.us에서 주 전체 이름이나 약칭 정보를 얻을 수 있다(8장). 실습용으로 states2.csv 파일을 제공한다.

solution-states_
pie.py

```
import pandas as pd
import matplotlib, matplotlib.pyplot as plt


def initial(word): return word[0]


# 주 이름을 읽어 들인다(데이터 출처는 어디든 좋다!).
states = pd.read_csv("states2.csv",
                     names=("State", "Standard", "Postal", "Capital"))


# 플롯 스타일을 설정한다.
matplotlib.style.use("ggplot")
```

```
# 플로팅
plt.axes(aspect=1)
states.set_index('Postal').groupby(initial).count()['Standard'].plot.pie()
plt.title("States by the First Initial")
plt.ylabel("")

plt.savefig("states-pie.pdf")
```

최종 결과인 파이 차트는 다음과 같다.

그림 B-1
solution-states_pie.
py 실행 결과

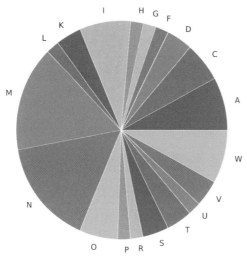

States by the First Initial

21세기 S&P 500

S&P 500 주가 지수의 종가를 사용해서 통계지표를 산출하고 이를 보고하는 프로그램을 짜 보자. 주식 가격의 평균, 표준편차와 왜도를 계산하고, 21세기 거래량과 종가 간의 상관관계를 산출해 보자. 도출한 상관관계는 유의미한가? 과거 주식 가격은 Yahoo! Finance[4]에서 내려받을 수 있다. 21세기는 2001년 1월 1일부터 시작한다는 것을 기억하자(9장).

---

4 goo.gl/GBqyGO

여러분이 내려받은 최신 데이터는 필자가 사용한 데이터와는 다르므로, 여러분의 답도 필자의 것과는 다를 수 있다. 실습용으로 sapXXII.csv 파일을 제공한다 (2017년 4월 10일까지 자료).

solution-sap.py

```python
import pandas as pd
from scipy.stats import pearsonr

# 데이터를 읽어 들인다.
sap = pd.read_csv("sapXXII.csv").set_index("Date")

# 통계지표를 계산하고 출력한다.
print("Mean:", sap["Close"].mean())
print("Standard deviation:", sap["Close"].std())
print("Skewness:", sap["Close"].skew())
print("Correlation:\n", sap[["Close", "Volume"]].corr()) _,
        p = pearsonr(sap["Close"], sap["Volume"])

print("p-value:", p)
>>>
Mean: 2361.3971354761907
Standard deviation: 12.79254591706951
Skewness: 0.173935332452
Correlation:
          Close    Volume
Close    1.00000  0.21056
Volume   0.21056  1.00000
p-value: 0.359585534105
```

도출한 상관성은 믿을 만하지만, 아주 대수롭지 않은 수준이다.

MOSN 클러스터

거대한 온라인 소셜 네트워크 사이트를 회원수와 글로벌 Alexa 페이지 순위[5]로 클러스터링하는 프로그램을 작성하자. 웹 사이트 랭크와 크기가 다양하므로 클러스터링과 시각화를 할 때는 로그 스케일을 사용하자(10장). 실습용으로 mosn. csv 파일을 제공한다.

solution-mosn.py

```python
import pandas as pd, numpy as np
import sklearn.cluster, sklearn.preprocessing
import matplotlib, matplotlib.pyplot as plt

# 데이터를 읽어 들인다.
mosn = pd.read_csv('mosn.csv', thousands=',',
                   names=('Name', 'Description', 'Date', 'Registered Users',
                          'Registration', 'Alexa Rank'))
columns = ['Registered Users', 'Alexa Rank']

# 데이터가 없거나 0이 있는 행을 제거한다.
good = mosn[np.log(mosn[columns]).notnull().all(axis=1)].copy()

# 클러스터링을 수행한다.
kmeans = sklearn.cluster.KMeans()
kmeans.fit(np.log(good[columns]))
good["Clusters"] = kmeans.labels_

# 어느 클러스터가 페이스북인가?
fb = good.set_index('Name').ix['Facebook']['Clusters']

# 적당한 플로팅 스타일을 선택한다.
matplotlib.style.use("ggplot")

# 결과를 출력한다.
ax = good.plot.scatter(columns[0], columns[1], c="Clusters",
```

---

5 goo.gl/BFX6cX

```
                        cmap=plt.cm.Accent, s=100)
plt.title("Massive online social networking sites")
plt.xscale("log")
plt.yscale("log")

# 가장 잘나가는 서비스의 명칭을 표기한다.
def add_abbr(site):
    if site['Clusters'] == fb:
        _ = ax.annotate(site["Name"], site[columns], xytext=(1, 5),
                        textcoords="offset points", size=8,
                        color="darkslategrey")
good.apply(add_abbr, axis=1)


plt.savefig("mosn.png")
```

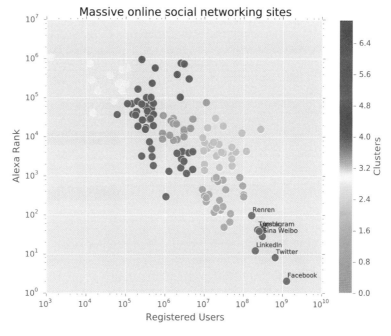

부록 C 실습 환경 설정하기

DATA SCIENCE FOR EVERYONE

C.1 아나콘다 설치

다음 URL에서 아나콘다를 내려받는다.

URL https://www.continuum.io/downloads

내려받은 파일을 실행해 다음 화면이 나오면 **Next**를 클릭한다.

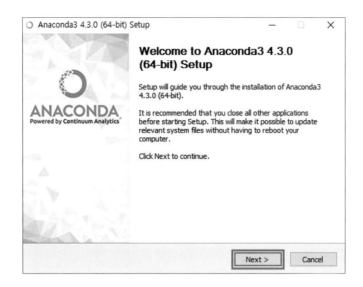

라이선스 동의 화면이 나오면 **I Agree**를 클릭한다.

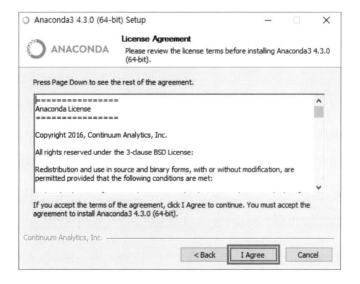

나만 사용할 것이므로 Just Me (recommended)를 선택하고 Next를 클릭한다.

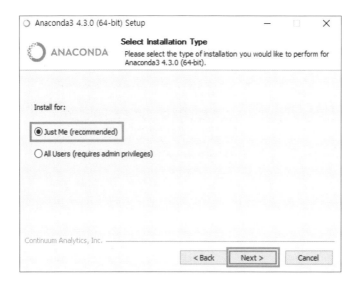

설치 위치가 나오면 기본 값으로 두고 Next를 클릭한다.

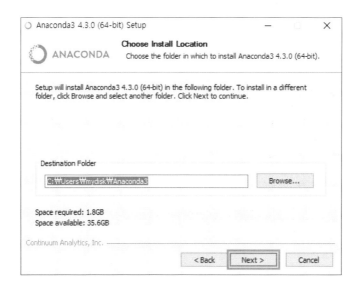

다음과 같이 옵션을 설정할 수 있다. 기본으로 파이썬을 함께 설치하도록 되어
있다. 파이썬을 함께 설치하도록 기본 값으로 두고 Install을 클릭한다.

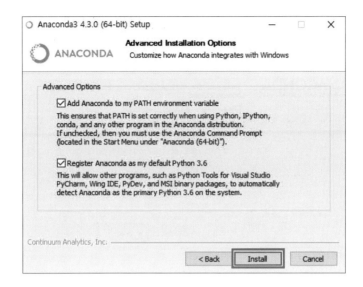

다음과 같이 설치를 진행하면 Next를 클릭한다.

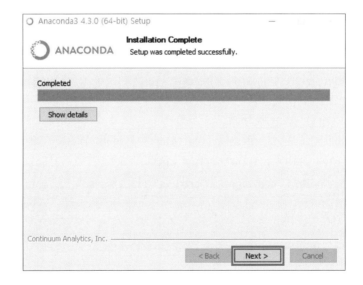

설치를 완료했다. **Finish**를 클릭한다.

 ## C.2 파이썬 명령 프롬프트에서 실행

이 책은 파이썬 명령 프롬프트에서 실행하는 것을 기준으로 한다. 윈도 명령 프롬프트를 실행하고(윈도 시작 메뉴에서 마우스 오른쪽 버튼 클릭 〉 실행 〉 cmd 입력 후 **확인** 클릭) python 명령어를 입력해 파이썬을 실행한다.

```
C:\Users\mydisk>python
Python 3.6.0 |Anaconda custom (64-bit)| (default, Dec 23 2016, 11:57:41)
[MSC v.1900 64 bit (AMD64)] on win32
Type "help", "copyright", "credits" or "license" for more information.
>>>
```

명령어를 입력하고 Enter 를 누르면 결과가 나온다.

```
>>>" Hello, world! \t\t\n".strip()
'Hello, world!'
```

C.3 주피터 노트북 실행

아나콘다를 설치하면 파이썬과 주피터 노트북(jupyter notebook)이 함께 설치된다. 주피터 노트북을 실행해 보자. 이 책은 파이썬 명령 프롬프트를 기준으로 하지만, 주피터 노트북을 실행하는 방법도 알아 두자.

윈도 명령 프롬프트에서 jupyter notebook 명령어를 입력하고 Enter 를 누른다.

```
C:\Users\mydisk>jupyter notebook
```

자동으로 주피터 노트북 창이 뜬다.

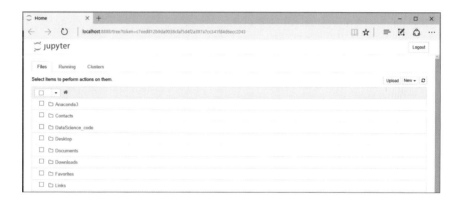

오른쪽의 New > Python 3를 클릭한다.

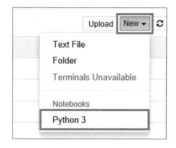

다음과 같이 실습할 수 있는 주피터 노트북을 실행한다.

"Hello, world! \t\t\n".strip() 코드를 입력하고 Ctrl + Enter 혹은
Shift + Enter 를 누르면 결과가 나온다.

C.4 라이브러리 설치

윈도 명령 프롬프트에서 conda install 명령어로 필요한 라이브러리를 설치할
수 있다.

C:\Users\mydisk>**conda install beautifulsoup4**

C.5 윈도 명령 프롬프트에서 .py 파일 실행

다음과 같이 윈도 명령 프롬프트에서 파이썬 파일을 실행할 수 있다. 이때 .py 파
일은 실행 폴더 안에 있어야 한다.[6]

C:\Users\mydisk>**python interest.py**

---

6 역주 실행 폴더는 아나콘다를 기본 값으로 설치했다면 C:\Users\사용자 이름 폴더입니다. 폴더 경로가 다르다면 .py 파일
이 있는 폴더로 이동한 후 실행해야 합니다. 간혹 실행되지 않을 때가 있는데, 이때는 파이썬 명령 프롬프트에서 하나씩 코
드를 실행하면 됩니다.

C.6 MySQL 설치

다음 URL에서 **Windows(x86, 32-bit), MSI installer**를 내려받는다(파일명: mysql-installer-web-community-5.7.X.X.smi). 로그인하라고 나오면 제일 아래의 **No thanks, just start my download**를 클릭한다.

URL https://dev.mysql.com/downloads/windows/installer/5.7.html

내려받은 파일을 실행하면 다음 화면이 나온다. 라이선스에 동의하고 **Next**를 클릭한다.

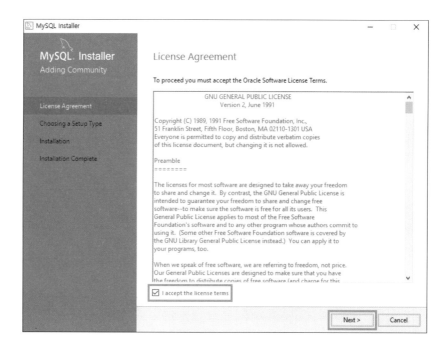

원하는 설치 타입을 선택하고 **Next**를 클릭한다. 여기서는 **Full**을 선택했다.

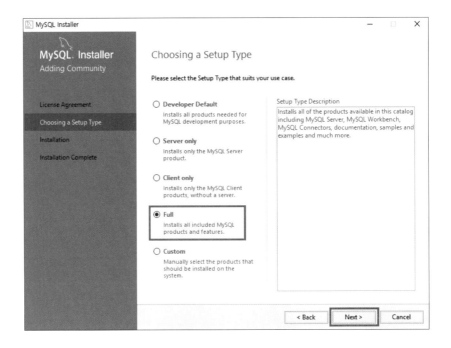

다음 그림처럼 나오면 **Execute**를 클릭한다.

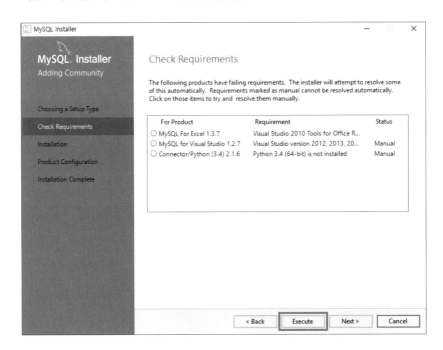

다음처럼 사용자 동의 화면이 나오면 동의하고 설치한다(2번 정도 실행된다).

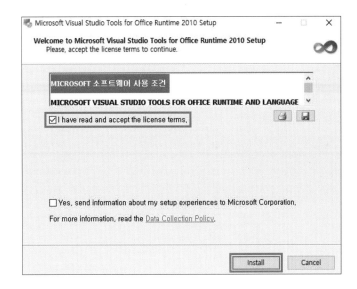

다음 화면이 나오면 **Execute**를 클릭한다.

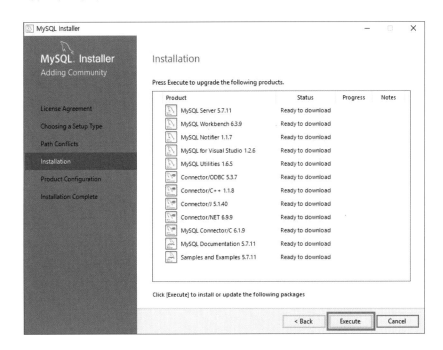

모두 진행되면 **Next**를 클릭한다. 만약 경고창이 뜬다면 **예**를 누른다.

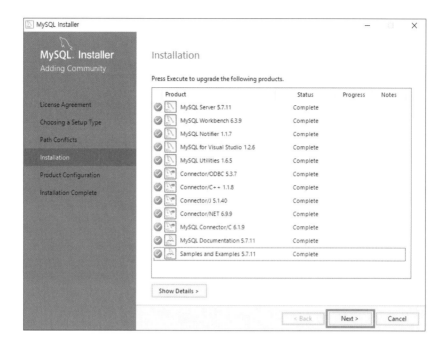

설정이 완료되면 계속 **Next**를 클릭한다.

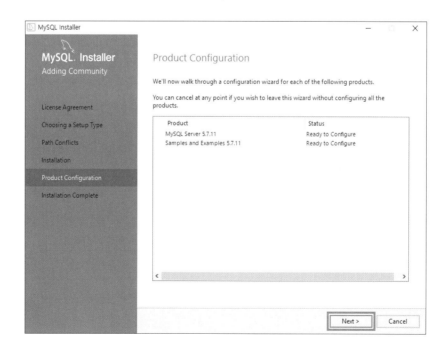

다음 그림처럼 나오면 **Next**를 클릭한다.

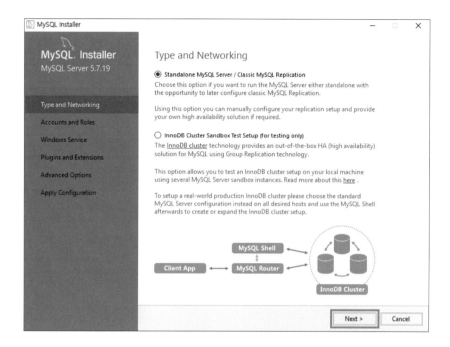

네트워크를 설정하는 화면이 나오면 기본 값으로 두고 **Next**를 클릭한다.

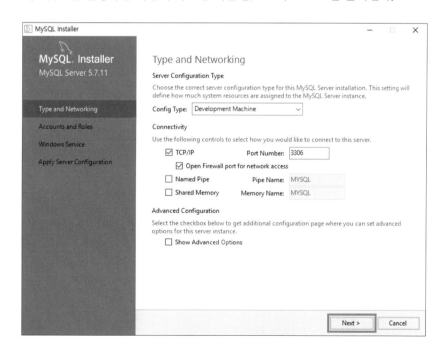

MySQL에서 사용할 비밀번호를 설정하는 화면이 나오면 사용할 비밀번호를 입력한다. 이때 비밀번호는 MySQL을 사용할 때 필요하므로 꼭 기억한다.

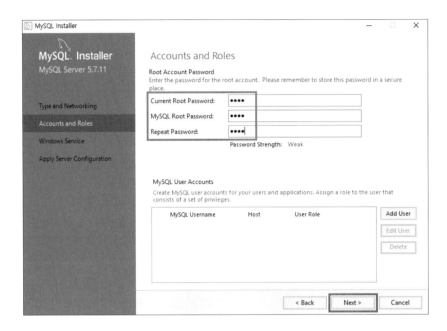

데이터베이스 이름을 설정하는 화면이 나오면 기본 값으로 두고 **Next**를 클릭한다.

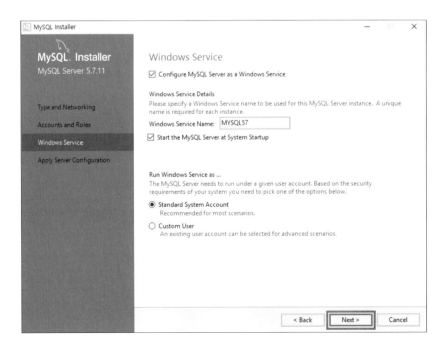

다음 화면이 나오면 **Execute**를 클릭한다.

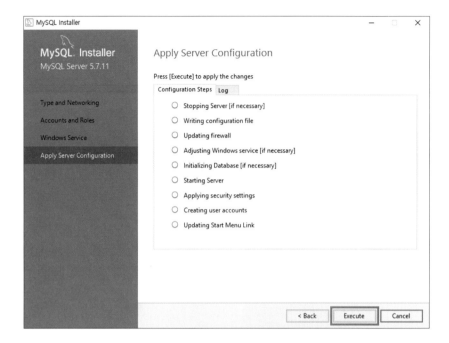

구성을 확인하고 **Finish**를 클릭한다.

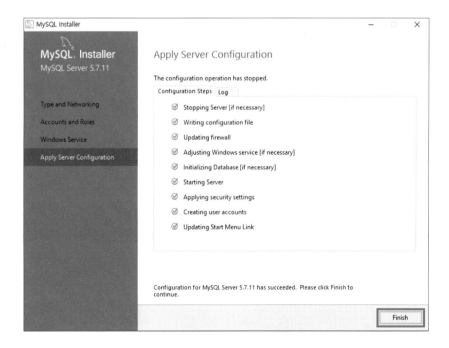

제품 구성을 확인하고 **Next**를 클릭한다.

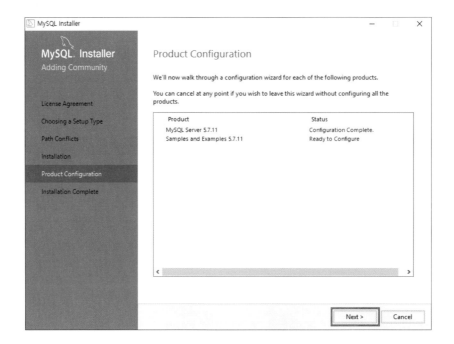

다음 화면이 나오면 **Check**를 선택한 후 **Next**를 클릭한다.

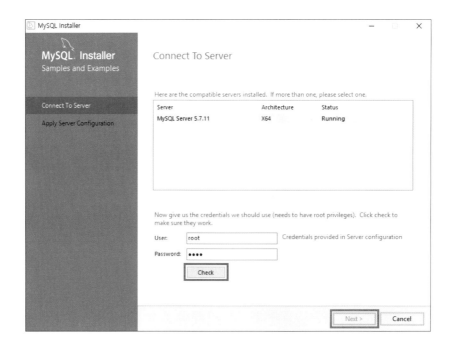

다음 항목을 확인하고, **Execute**를 선택한 후 나오는 화면에서 **Finish**를 클릭한다.

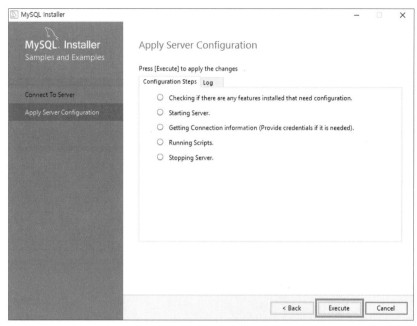

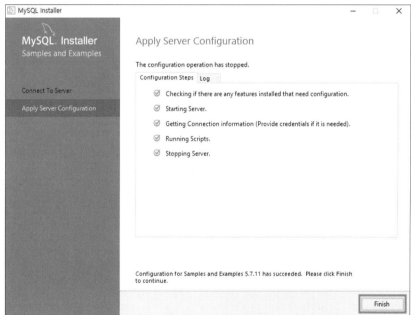

구성을 확인한 후 Next를 클릭한다.

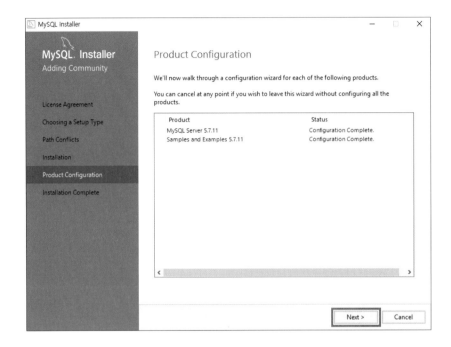

설치를 완료했다. Finish를 클릭한다.

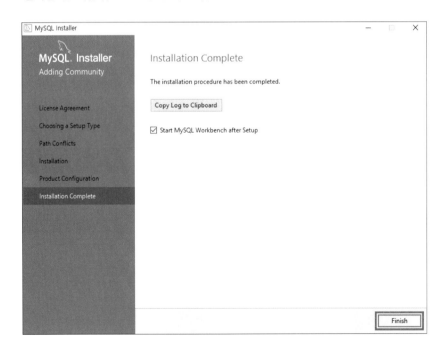

C.7 **MySQL 실행**

설치한 MySQL은 MySQL Command Line Client에서 실습할 수 있다. 윈도 시작 메뉴에서 **MySQL 5.7 Command Line Client**를 선택하면 다음과 같이 실행한다.

```
MySQL 5.7 Command Line Client                                      —   □   ×
Enter password:
```

설치할 때 설정한 비밀번호를 입력하면 바로 MySQL을 사용할 수 있다.

```
MySQL 5.7 Command Line Client                                      —   □   ×
Enter password: ****
Welcome to the MySQL monitor.  Commands end with ; or \g.
Your MySQL connection id is 2
Server version: 5.7.11-log MySQL Community Server (GPL)

Copyright (c) 2000, 2016, Oracle and/or its affiliates. All rights reserved.

Oracle is a registered trademark of Oracle Corporation and/or its
affiliates. Other names may be trademarks of their respective
owners.

Type 'help;' or '\h' for help. Type '\c' to clear the current input statement.

mysql>
```

C.8 **pymysql 라이브러리 설치**

파이썬에서 MySQL을 사용하려면 pymysql이 있어야 한다. 윈도 명령 프롬프트에서 다음 명령어로 설치한다.

```
C:\Users\mydisk>conda install pymysql
```

C.9 MongoDB 설치

다음 URL에서 MongoDB를 내려받는다.

URL http://www.mongodb.org/downloads

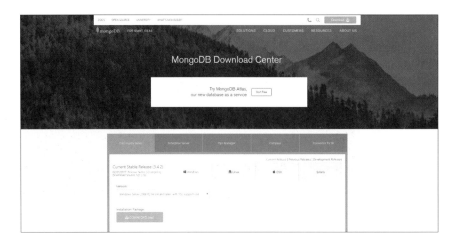

내려받은 파일을 실행해 다음 화면이 나오면 **Next**를 클릭한다.

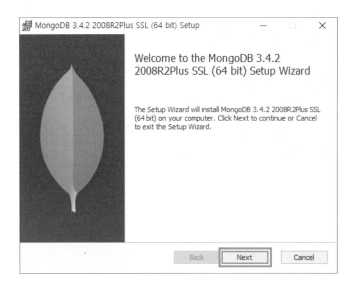

라이선스에 동의하고 **Next**를 클릭한다.

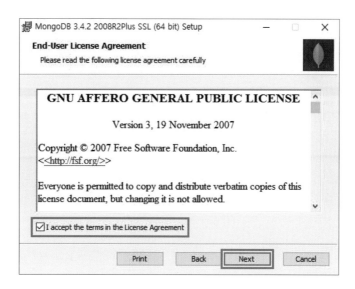

설치 경로를 설정하는 화면이 나온다. 경로를 바꾸려면 **Custom**을 클릭한다. 책에서는 기본 값으로 진행하므로 **Complete**를 클릭한다.

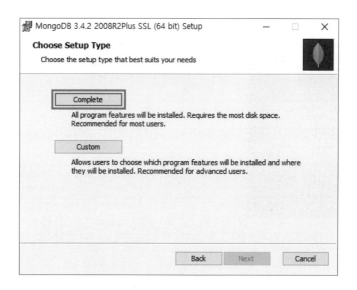

다음 화면이 나오면 Install을 클릭해 설치를 진행한다.

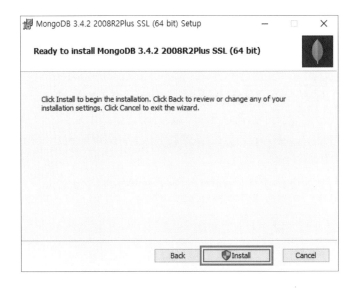

설치를 완료했다. Finish를 클릭해 종료한다.

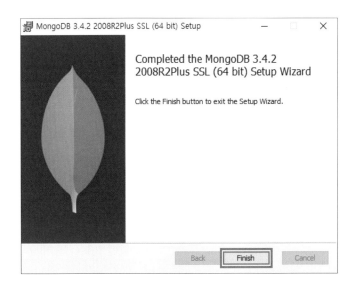

C.10 MongoDB 실행

MongoDB를 실행하기 전에 몇 가지 설정이 필요하다. 설치 경로를 바꾸지 않았다면 기본적으로 C:\Program Files\MongoDB에 설치한다. 기본 데이터베이스 디렉터리가 C:\data\db이므로 C:\에 data 폴더를 만들고, 그 아래에 db 폴더를 만든다.

이제 MongoDB를 실행해 보자. 윈도 명령 프롬프트에서 mongod를 실행할 것이므로 mongod가 있는 경로로 이동한다. 기본으로 설치했다면 C:\Program Files\MongoDB\Server\3.4\bin 디렉터리에 있다.

C:\Users\mydisk>**cd C:\Program Files\MongoDB\Server\3.4\bin**

mongod 명령어를 입력해 MongoDB를 실행한다.

C:\Program Files\MongoDB\Server\3.4\bin>**mongod**

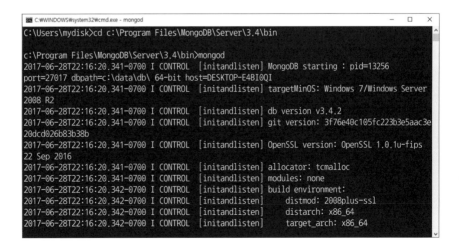

다음 화면이 나오면 **액세스 허용**을 클릭한다.

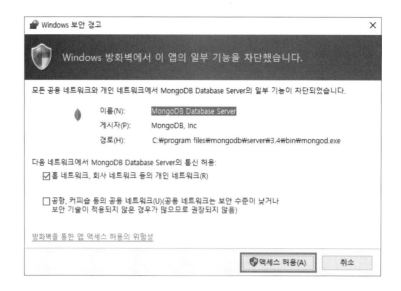

C.11 pymongo 라이브러리 설치

파이썬에서 MongoDB를 사용하려면 pymongo가 있어야 한다. 윈도 명령 프롬프트에서 다음 명령어로 설치한다.

```
C:\Users\mydisk>conda install pymongo
```

[BE05] Ulrik Brandes and Thomas Erleback. *Network Analysis: Methodological Foundations*. Springer, New York, NY, 2005.

[BKL09] Steven Bird, Ewan Klein, and Edward Loper. *Natural Language Processing with Python*. O'Reilly & Associates, Inc., Sebastopol, CA, 2009.

[For05] Ben Forta. *MySQL Crash Course*. Sams Publishing, Indianapolis, IN, 2005.

[Gru15] Joel Grus. *Data Science from Scratch: First Principles with Python*. O'Reilly & Associates, Inc., Sebastopol, CA, 2015.
번역서 : 〈밑바닥부터 시작하는 데이터 과학〉(인사이트, 2016)

[JWHT13] Gareth James, Daniela Witten, Trevor Hastie, and Robert Tibshirani. *An Introduction to Statistical Learning with Applications in R*. Springer, New York, NY, 2013.
번역서 : 〈가볍게 시작하는 통계학습〉(루비페이퍼, 2016)

[KY07] David Knoke and Song Yang. *Social Network Analysis*. SAGE Publications, Thousand Oaks, CA, 2nd, 2007.

[Lee15] Jeff Leek. *The Elements of Data Analytic Style*. Leanpub, Victoria, BC, Canada, 2015.

[McK12] Wes McKinney. *Python for Data Analysis*. O'Reilly & Associates, Inc., Sebastopol, CA, 2012.
번역서 : 〈파이썬 라이브러리를 활용한 데이터 분석〉(한빛미디어, 2013)

[Rus11] Matthew A. Russell. *Mining the Social Web*. O'Reilly & Associates, Inc., Sebastopol, CA, 2011.

[ZM14] Nina Zumel and John Mount. *Practical Data Science with R*. Manning Publications Co., Greenwich, CT, 2014.

찾아보기